計算せんもんドリル

4年

JN132637

4年 組

特色と使い方

● このドリルは、計算力を付けるための計算問題をせんもんにあつかったドリルです。

● 教科書ぴったりトレーニングに、このドリルの何ページをすればよいのかが書いてあります。教科書ぴったりトレーニングにあわせてお使いください。

教科書ぴったり
トレーニングの
ここを見てね

🐾 もくじ 🐾

🏠 おうちのかたへ

・お子さまがお使いの教科書や学校の学習状況により、ドリルのページが前後したり、学習されていない問題が含まれている場合がございます。お子さまの学習状況に応じてお使いください。

・お子さまがお使いの教科書により、教科書ぴったりトレーニングと対応していないページがある場合がございますが、お子さまの興味・関心に応じてお使いください。

1 答えが何十・何百になる わり算

1 次の計算をしましょう。

月　　日

① 40÷2

② 50÷5

③ 160÷2

④ 150÷3

⑤ 720÷8

⑥ 180÷6

⑦ 490÷7

⑧ 240÷4

⑨ 540÷9

⑩ 350÷7

2 次の計算をしましょう。

月　　日

① 900÷3

② 400÷4

③ 3600÷9

④ 4500÷5

⑤ 4200÷6

⑥ 2400÷3

⑦ 1800÷2

⑧ 2800÷7

⑨ 6300÷9

⑩ 4800÷8

2 1けたでわるわり算の 筆算①

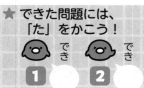
1 次の計算をしましょう。

月　　日

①
$$5 \overline{)65}$$

②
$$3 \overline{)69}$$

③
$$4 \overline{)43}$$

④
$$2 \overline{)358}$$

⑤
$$4 \overline{)675}$$

⑥
$$4 \overline{)835}$$

⑦
$$5 \overline{)345}$$

⑧
$$9 \overline{)739}$$

2 次の計算を筆算でしましょう。

月　　日

①　74÷6

②　856÷7

$$
\begin{array}{r}
11 \\
6\overline{)74} \\
\underline{6} \\
14 \\
\underline{6} \\
8
\end{array}
$$

ダメ!!

3 1けたでわるわり算の 筆算②

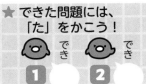

1 次の計算をしましょう。

月　日

① 8)96

② 2)86

③ 3)62

④ 5)645

⑤ 2)264

⑥ 7)763

⑦ 9)252

⑧ 7)480

2 次の計算を筆算でしましょう。

月　日

① 73÷4

② 749÷6

4 1けたでわるわり算の筆算③

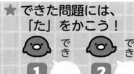
1 次の計算をしましょう。

月　　日

① 3)87　　② 3)93　　③ 4)82　　④ 8)984

⑤ 6)650　　⑥ 8)146　　⑦ 3)276　　⑧ 8)246

2 次の計算を筆算でしましょう。

月　　日

① 94÷5　　② 918÷9

1 次の計算をしましょう。

①
$$2\overline{)92}$$

②
$$3\overline{)60}$$

③
$$5\overline{)59}$$

④
$$9\overline{)917}$$

⑤
$$4\overline{)372}$$

⑥
$$9\overline{)589}$$

⑦
$$4\overline{)128}$$

⑧
$$3\overline{)248}$$

2 次の計算を筆算でしましょう。

① 83÷3

② 207÷3

1 次の計算をしましょう。

月　　日

① $7 \overline{)84}$　　② $4 \overline{)80}$　　③ $3 \overline{)98}$　　④ $5 \overline{)695}$

⑤ $2 \overline{)618}$　　⑥ $6 \overline{)297}$　　⑦ $8 \overline{)328}$　　⑧ $4 \overline{)123}$

2 次の計算を筆算でしましょう。

月　　日

① $99 \div 8$　　　② $693 \div 7$

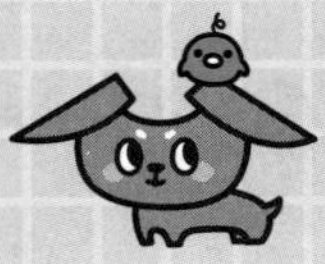

7 わり算の暗算

★できた問題には、「た」をかこう！

でき 1　でき 2

1 次の計算をしましょう。

月　日

① 48÷4

② 62÷2

③ 99÷9

④ 36÷3

⑤ 72÷4

⑥ 96÷8

⑦ 95÷5

⑧ 84÷6

⑨ 70÷2

⑩ 60÷5

2 次の計算をしましょう。

月　日

① 28÷2

② 77÷7

③ 63÷3

④ 84÷2

⑤ 72÷6

⑥ 92÷4

⑦ 42÷3

⑧ 84÷7

⑨ 60÷4

⑩ 80÷5

8 3けたの数をかける筆算①

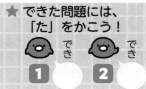
1 次の計算をしましょう。

月　日

①
$$\begin{array}{r} 248 \\ \times\ 312 \end{array}$$

②
$$\begin{array}{r} 156 \\ \times\ 463 \end{array}$$

③
$$\begin{array}{r} 618 \\ \times\ 524 \end{array}$$

④
$$\begin{array}{r} 587 \\ \times\ 615 \end{array}$$

⑤
$$\begin{array}{r} 802 \\ \times\ 737 \end{array}$$

⑥
$$\begin{array}{r} 28 \\ \times\ 319 \end{array}$$

⑦
$$\begin{array}{r} 754 \\ \times\ 205 \end{array}$$

⑧
$$\begin{array}{r} 530 \\ \times\ 407 \end{array}$$

2 次の計算を筆算でしましょう。

月　日

① 245×256

② 609×705

9 3けたの数をかける 筆算②

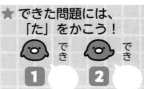

1 次の計算をしましょう。

月　　日

① 153
×649

② 483
×212

③ 862
×257

④ 937
×846

⑤ 430
×129

⑥ 35
×356

⑦ 435
×703

⑧ 403
×705

2 次の計算を筆算でしましょう。

月　　日

① 49×241

② 841×607

10 小数のたし算の筆算①

1 次の計算をしましょう。

| 月 | 日 |

① 　1.4 8
　＋2.5 1

② 　6.2 9
　＋1.9 2

③ 　7.4 6
　＋4.5 9

④ 　5.9 3
　＋8.2 8

⑤ 　4.3 5
　＋0.9 6

⑥ 　　8
　＋2.4 6

⑦ 　7.6
　＋0.4 3

⑧ 　5.1 8
　＋1.7 2

⑨ 　5.6 2
　＋1.3 8

⑩ 　1.7 3 2
　＋5.8

2 次の計算を筆算でしましょう。

| 月 | 日 |

①　1.89＋0.4

②　9.24＋3

③　0.309＋0.891

④　13.79＋0.072

　　1 3.7 9
　＋0.0 7 2
　　1 4.5 1

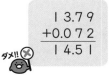
ダメ!!

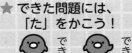

★ できた問題には、
「た」をかこう!

でき 1 ○　でき 2 ○

1 次の計算をしましょう。

月　　日

①
```
  5.4 9
+ 1.3 5
```

②
```
  3.0 9
+ 6.8 5
```

③
```
  7.6 1
+ 5.1 8
```

④
```
  9.1 9
+ 8.7 3
```

⑤
```
  0.7 2
+ 3.5 9
```

⑥
```
  4.4 4
+ 2.9
```

⑦
```
  5.4
+ 0.6 1
```

⑧
```
  2.4 6
+ 6.1 4
```

⑨
```
  3.4 2
+ 3.5 8
```

⑩
```
  5.6 0 3
+ 7.1 4 8
```

2 次の計算を筆算でしましょう。

月　　日

① 0.8 + 3.72

② 4.25 + 4

③ 8.051 + 0.949

④ 1.583 + 0.76

12 小数のひき算の筆算①

1 次の計算をしましょう。

月　　日

①
```
  8.9 4
- 1.2 3
```

②
```
  9.7 5
- 3.0 6
```

③
```
  8.3 7
- 4.5 9
```

④
```
  8.0 5
- 0.7 8
```

⑤
```
  8.0 3
- 7.1 5
```

⑥
```
  2.4 8
- 2.3 9
```

⑦
```
  4.5 1
- 1.7
```

⑧
```
  6
- 3.2 8
```

⑨
```
  0.3 8 9
- 0.2 9 1
```

⑩
```
  4
- 0.0 2 8
```

2 次の計算を筆算でしましょう。

月　　日

① 1 − 0.81

② 3.67 − 0.6

③ 0.855 − 0.72

④ 4.23 − 0.125

ダメ!!
```
  4.2 3
- 0.1 2 5
  4.1 1 5
```

★ できた問題には、「た」をかこう！

でき **1** ○　でき **2** ○

1 次の計算をしましょう。

①
```
  6.0 5
− 4.0 4
```

②
```
  7.6 5
− 5.5 8
```

③
```
  5.1 6
− 2.3 9
```

④
```
  2.0 5
− 0.1 9
```

⑤
```
  9.4 5
− 8.5 7
```

⑥
```
  4.8 5
− 4.0 7
```

⑦
```
  9.7 8
− 2.8
```

⑧
```
  1
− 0.5 4
```

⑨
```
  3.5 1 2
− 1.4 0 3
```

⑩
```
  3
− 2.0 8 7
```

2 次の計算を筆算でしましょう。

① 1−0.18

② 2.91−0.9

③ 4.052−0.93

④ 0.98−0.801

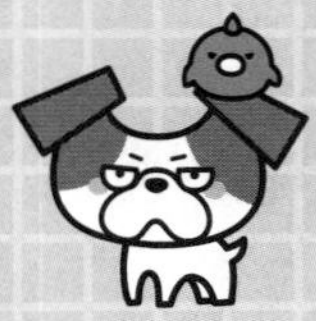

14 何十でわるわり算

★できた問題には、「た」をかこう！

1 でき　2 でき

1 次の計算をしましょう。

月　日

① 60÷30　② 80÷20

③ 40÷20　④ 90÷30

⑤ 180÷60　⑥ 280÷70

⑦ 400÷50　⑧ 360÷40

⑨ 720÷90　⑩ 540÷60

2 次の計算をしましょう。

月　日

① 90÷20　② 90÷50

③ 50÷40　④ 80÷30

⑤ 400÷60　⑥ 620÷70

⑦ 890÷90　⑧ 210÷80

⑨ 200÷70　⑩ 520÷80

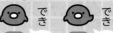
1 次の計算をしましょう。

| 月 日 |

① 32)96

② 25)78

③ 26)104

④ 27)251

⑤ 64)896

⑥ 36)794

⑦ 31)941

⑧ 56)9352

2 次の計算を筆算でしましょう。

| 月 日 |

① 139÷34

② 980÷49

$$
\begin{array}{r}
3 \\
34\overline{)139} \\
102 \\
\hline
37
\end{array}
$$
ダメ!!

16 2けたでわるわり算の 筆算②

1 次の計算をしましょう。

① $16 \overline{)96}$　　② $23 \overline{)74}$　　③ $45 \overline{)315}$　　④ $56 \overline{)435}$

⑤ $12 \overline{)444}$　　⑥ $19 \overline{)843}$　　⑦ $29 \overline{)874}$　　⑧ $42 \overline{)9139}$

2 次の計算を筆算でしましょう。

① $310 \div 44$　　　　② $840 \div 14$

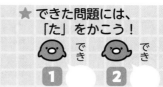

17 2けたでわるわり算の筆算③

1 次の計算をしましょう。

月　　日

① $22\overline{)88}$　　② $15\overline{)98}$　　③ $39\overline{)312}$　　④ $45\overline{)179}$

⑤ $27\overline{)972}$　　⑥ $26\overline{)815}$　　⑦ $23\overline{)926}$　　⑧ $67\overline{)4499}$

2 次の計算を筆算でしましょう。

月　　日

① $460 \div 91$　　　　② $720 \div 18$

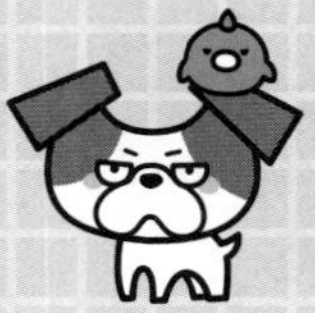

18 ２けたでわるわり算の筆算④

★できた問題には、「た」をかこう！

1 できた　2 できた

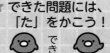

1 次の計算をしましょう。

月　　日

① $24\overline{)\,96}$　② $13\overline{)\,49}$　③ $76\overline{)\,608}$　④ $54\overline{)\,442}$

⑤ $49\overline{)\,539}$　⑥ $17\overline{)\,725}$　⑦ $45\overline{)\,943}$　⑧ $43\overline{)\,9455}$

2 次の計算を筆算でしましょう。

月　　日

① $200 \div 65$　② $960 \div 12$

19 3けたでわるわり算の筆算

1 次の計算をしましょう。

 月　　　日

① $256\overline{)768}$

② $195\overline{)780}$

③ $308\overline{)924}$

④ $163\overline{)982}$

⑤ $429\overline{)893}$

⑥ $283\overline{)970}$

2 次の計算を筆算でしましょう。

 月　　　日

① $927 \div 309$

② $931 \div 137$

20 式とその計算の順じょ①

★できた問題には、「た」をかこう！

できた 1　　できた 2

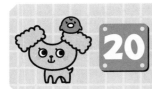

1 次の計算をしましょう。

月　　日

① $30+5\times3$

② $56-63\div9$

③ $72\div8+35\div7$

④ $48\div6-54\div9$

⑤ $32\div4+3\times5$

⑥ $81\div9-3\times3$

⑦ $59-(96-57)$

⑧ $(25+24)\div7$

2 次の計算をしましょう。

月　　日

① $36\div4-1\times2$

② $36\div(4-1)\times2$

③ $(36\div4-1)\times2$

④ $36\div(4-1\times2)$

21 式とその計算の順じょ②

★できた問題には、「た」をかこう！

1 でき　2 でき

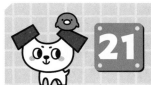

1 次の計算をしましょう。　　月　　日

① $64-5\times7$

② $42+9\div3$

③ $2\times8+4\times3$

④ $4\times9-6\times2$

⑤ $3\times6+12\div4$

⑥ $8\times7-36\div4$

⑦ $81-(17+25)$

⑧ $(62-53)\times8$

2 次の計算をしましょう。　　月　　日

① $4\times6+21\div3$

② $4\times(6+21)\div3$

③ $(4\times6+21)\div3$

④ $4\times(6+21\div3)$

22 小数×整数 の筆算①

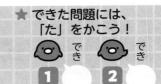
1 次の計算をしましょう。

月　　日

①
```
   3.2
×    3
```

②
```
   4.5
×    7
```

③
```
   2.1
× 3 2
```

④
```
   5.4
× 6 1
```

⑤
```
   3.9
× 3 2
```

⑥
```
   0.7
× 1 8
```

⑦
```
   4.8
× 1 5
```

⑧
```
   5.9
× 7 0
```

2 次の計算をしましょう。

月　　日

①
```
   0.6 2
×      7
```

②
```
   1.3 7
×      5
```

③
```
   0.3 1
×    4 9
```

④
```
   0.6 2
×    8 2
```

⑤
```
   1.9 8
×    5 4
```

⑥
```
   2.5 4
×    9 3
```

⑦
```
   0.8 4
×    3 5
```

⑧
```
   2.1 8
×    5 0
```

23 小数×整数 の筆算②

1 次の計算をしましょう。　　　　　　　月　　日

① 　1.4
　×　4

② 　3.6
　×　9

③ 　2.2
　×14

④ 　4.9
　×73

⑤ 　3.8
　×62

⑥ 　15.2
　×　43

⑦ 　5.5
　×32

⑧ 　6.3
　×60

2 次の計算をしましょう。　　　　　　　月　　日

① 　3.27
　×　4

② 　0.46
　×　2

③ 　0.37
　×　49

④ 　0.35
　×　75

⑤ 　9.13
　×　68

⑥ 　6.12
　×　47

⑦ 　0.75
　×　12

⑧ 　5.38
　×　30

24 小数×整数 の筆算③

1 次の計算をしましょう。

月　　日

| ① | 2.6
× 3 | ② | 15.7
× 8 | ③ | 1.1
×69 | ④ | 5.7
×25 |

| ⑤ | 8.5
×17 | ⑥ | 10.6
× 34 | ⑦ | 6.5
×92 | ⑧ | 27.6
× 40 |

2 次の計算をしましょう。

月　　日

| ① | 2.91
× 6 | ② | 0.26
× 3 | ③ | 0.13
× 39 | ④ | 0.48
× 76 |

| ⑤ | 1.72
× 51 | ⑥ | 6.35
× 25 | ⑦ | 0.15
× 24 | ⑧ | 3.46
× 60 |

25 小数×整数 の筆算④

1 次の計算をしましょう。

月　　日

①
```
   4.8
×    2
```

②
```
   2.5
×    6
```

③
```
   1.2
×  4 3
```

④
```
   6.7
×  1 5
```

⑤
```
   7.4
×  5 8
```

⑥
```
   0.4
×  6 6
```

⑦
```
   8.2
×  7 5
```

⑧
```
   7.4
×  2 0
```

2 次の計算をしましょう。

月　　日

①
```
  0.8 7
×     9
```

②
```
  3.0 5
×     7
```

③
```
  0.5 6
×   5 2
```

④
```
  0.7 1
×   1 9
```

⑤
```
  5.8 3
×   1 6
```

⑥
```
  2.5 3
×   7 2
```

⑦
```
  0.2 6
×   3 5
```

⑧
```
  2.5 5
×   9 0
```

26 小数×整数 の筆算⑤

1 次の計算をしましょう。

月　　日

①
```
   9.4
 ×   3
```

②
```
  12.8
 ×    4
```

③
```
   3.4
 × 21
```

④
```
   9.1
 × 12
```

⑤
```
   8.6
 × 43
```

⑥
```
  17.6
 ×  27
```

⑦
```
   9.5
 × 58
```

⑧
```
  13.7
 ×  80
```

2 次の計算をしましょう。

月　　日

①
```
  0.59
 ×    7
```

②
```
  5.76
 ×    5
```

③
```
  0.76
 ×  41
```

④
```
  0.47
 ×  85
```

⑤
```
  1.43
 ×  67
```

⑥
```
  4.18
 ×  78
```

⑦
```
  0.25
 ×  44
```

⑧
```
  5.62
 ×  50
```

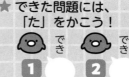
1 次の計算をしましょう。

月　　日

① 4) 4.8

② 2) 15.8

③ 5) 3.75

④ 3) 0.87

⑤ 12) 73.2

⑥ 36) 7.2

⑦ 73) 65.7

⑧ 28) 0.56

2 商を一の位まで求め、あまりも出しましょう。

月　　日

① 3) 73.2

② 4) 23.6

③ 26) 88.4

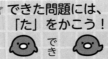
★ できた問題には、
「た」をかこう！
でき **1** ○　でき **2** ○

1 次の計算をしましょう。

月　　日

① $4 \overline{)6.8}$　　② $3 \overline{)29.7}$　　③ $5 \overline{)0.65}$　　④ $9 \overline{)0.459}$

⑤ $35 \overline{)80.5}$　　⑥ $17 \overline{)6.8}$　　⑦ $95 \overline{)28.5}$　　⑧ $28 \overline{)1.68}$

2 商を一の位まで求め、あまりも出しましょう。

月　　日

① $2 \overline{)25.6}$　　② $5 \overline{)46.5}$　　③ $41 \overline{)84.3}$

29 小数÷整数 の筆算③

1 次の計算をしましょう。

　月　日

① 3) 9.6

② 9) 6 0.3

③ 7) 4.3 4

④ 2) 0.7 2

⑤ 1 7) 3 7.4

⑥ 1 5) 4.5

⑦ 7 3) 5 8.4

⑧ 3 2) 0.9 6

2 商を一の位まで求め、あまりも出しましょう。　月　日

① 4) 9 1.1

② 5) 1 6.5

③ 5 6) 9 5.2

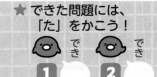

30 小数÷整数 の筆算④

★できた問題には、「た」をかこう！

1 でき　2 でき

1 次の計算をしましょう。

月　日

① $7\overline{)\,9.1}$

② $8\overline{)\,21.6}$

③ $3\overline{)\,2.67}$

④ $6\overline{)\,0.342}$

⑤ $48\overline{)\,62.4}$

⑥ $23\overline{)\,9.2}$

⑦ $87\overline{)\,52.2}$

⑧ $84\overline{)\,5.04}$

2 商を一の位まで求め、あまりも出しましょう。

月　日

① $6\overline{)\,67.2}$

② $9\overline{)\,47.7}$

③ $35\overline{)\,76.4}$

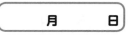

1 次のわり算を、わり切れるまで計算しましょう。　｜　月　日

① 5) 3.8

② 8) 6 0

③ 5 2) 8 0.6

2 次のわり算を、わり切れるまで計算しましょう。　｜　月　日

① 4) 2.3

② 3 6) 2.7

③ 4 0) 1 5

1 次のわり算を、わり切れるまで計算しましょう。

月　　日

①
```
  8 ) 3.6
```

②
```
  6 ) 4 5
```

③
```
 7 8 ) 9 7.5
```

2 次のわり算を、わり切れるまで計算しましょう。

月　　日

①
```
  4 ) 3.5
```

②
```
 7 5 ) 8 9.4
```

③
```
 8 4 ) 2 1
```

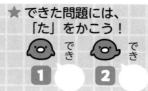

1 商を四捨五入して、$\frac{1}{10}$ の位までのがい数で
表しましょう。

①
$$7\overline{)15}$$

②
$$6\overline{)19.6}$$

③
$$31\overline{)169}$$

2 商を四捨五入して、$\frac{1}{100}$ の位までのがい数で
表しましょう。

①
$$7\overline{)50}$$

②
$$3\overline{)5.03}$$

③
$$15\overline{)56.3}$$

34 商をがい数で表す わり算の筆算②

1 商を四捨五入して、上から1けたのがい数で表しましょう。

① 7) 8

② 6) 46.1

③ 28) 96

2 商を四捨五入して、上から2けたのがい数で表しましょう。

① 7) 16

② 9) 25.8

③ 31) 80

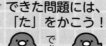

1 次の計算をしましょう。

月　　　日

① $\dfrac{4}{5} + \dfrac{2}{5}$

② $\dfrac{2}{4} + \dfrac{3}{4}$

③ $\dfrac{5}{7} + \dfrac{3}{7}$

④ $\dfrac{3}{5} + \dfrac{4}{5}$

⑤ $\dfrac{6}{9} + \dfrac{8}{9}$

⑥ $\dfrac{5}{3} + \dfrac{2}{3}$

⑦ $\dfrac{9}{5} + \dfrac{2}{5}$

⑧ $\dfrac{9}{8} + \dfrac{9}{8}$

⑨ $\dfrac{5}{6} + \dfrac{7}{6}$

⑩ $\dfrac{8}{5} + \dfrac{7}{5}$

2 次の計算をしましょう。

月　　　日

① $\dfrac{5}{6} + \dfrac{2}{6}$

② $\dfrac{2}{7} + \dfrac{6}{7}$

③ $\dfrac{4}{9} + \dfrac{7}{9}$

④ $\dfrac{6}{8} + \dfrac{7}{8}$

⑤ $\dfrac{3}{4} + \dfrac{3}{4}$

⑥ $\dfrac{6}{5} + \dfrac{7}{5}$

⑦ $\dfrac{7}{4} + \dfrac{6}{4}$

⑧ $\dfrac{4}{3} + \dfrac{7}{3}$

⑨ $\dfrac{9}{8} + \dfrac{7}{8}$

⑩ $\dfrac{3}{2} + \dfrac{7}{2}$

36 仮分数の出てくる分数の ひき算

★ できた問題には、「た」をかこう！
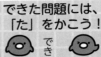
 でき　 でき

1 次の計算をしましょう。

月　　日

① $\dfrac{4}{3} - \dfrac{2}{3}$

② $\dfrac{7}{6} - \dfrac{5}{6}$

③ $\dfrac{5}{4} - \dfrac{3}{4}$

④ $\dfrac{12}{9} - \dfrac{8}{9}$

⑤ $\dfrac{9}{4} - \dfrac{3}{4}$

⑥ $\dfrac{7}{5} - \dfrac{1}{5}$

⑦ $\dfrac{9}{6} - \dfrac{2}{6}$

⑧ $\dfrac{18}{7} - \dfrac{2}{7}$

⑨ $\dfrac{10}{7} - \dfrac{3}{7}$

⑩ $\dfrac{9}{8} - \dfrac{1}{8}$

2 次の計算をしましょう。

月　　日

① $\dfrac{12}{8} - \dfrac{9}{8}$

② $\dfrac{11}{9} - \dfrac{10}{9}$

③ $\dfrac{7}{4} - \dfrac{5}{4}$

④ $\dfrac{5}{3} - \dfrac{4}{3}$

⑤ $\dfrac{8}{3} - \dfrac{4}{3}$

⑥ $\dfrac{19}{7} - \dfrac{8}{7}$

⑦ $\dfrac{13}{5} - \dfrac{6}{5}$

⑧ $\dfrac{13}{4} - \dfrac{7}{4}$

⑨ $\dfrac{14}{6} - \dfrac{8}{6}$

⑩ $\dfrac{15}{4} - \dfrac{7}{4}$

37 帯分数のたし算①

1 次の計算をしましょう。

月　日

① $1\frac{2}{6} + \frac{1}{6}$

② $\frac{3}{5} + 1\frac{1}{5}$

③ $4\frac{3}{9} + \frac{8}{9}$

④ $2\frac{5}{8} + \frac{4}{8}$

⑤ $\frac{2}{8} + 3\frac{7}{8}$

⑥ $\frac{2}{4} + 1\frac{3}{4}$

2 次の計算をしましょう。

月　日

① $3\frac{2}{5} + 2\frac{2}{5}$

② $5\frac{1}{3} + 1\frac{1}{3}$

③ $2\frac{3}{7} + 3\frac{6}{7}$

④ $5 + 2\frac{1}{4}$

⑤ $2\frac{5}{9} + \frac{4}{9}$

⑥ $\frac{8}{10} + 1\frac{2}{10}$

38 帯分数のたし算②

1 次の計算をしましょう。

① $4\dfrac{3}{6} + \dfrac{2}{6}$

② $\dfrac{2}{9} + 8\dfrac{4}{9}$

③ $1\dfrac{7}{10} + \dfrac{9}{10}$

④ $2\dfrac{7}{9} + \dfrac{5}{9}$

⑤ $\dfrac{2}{3} + 1\dfrac{2}{3}$

⑥ $\dfrac{3}{4} + 3\dfrac{3}{4}$

2 次の計算をしましょう。

① $1\dfrac{3}{8} + 2\dfrac{4}{8}$

② $2\dfrac{2}{4} + 5\dfrac{1}{4}$

③ $4\dfrac{2}{5} + 3\dfrac{4}{5}$

④ $3\dfrac{1}{8} + 1\dfrac{7}{8}$

⑤ $5\dfrac{4}{7} + \dfrac{3}{7}$

⑥ $\dfrac{2}{6} + 3\dfrac{4}{6}$

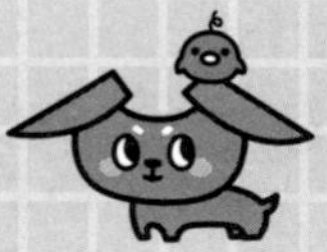

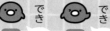

39 帯分数のひき算①

★できた問題には、「た」をかこう！

1 でき　2 でき

1 次の計算をしましょう。　　月　　日

① $2\frac{4}{5}-1\frac{2}{5}$　　② $3\frac{5}{7}-1\frac{3}{7}$

③ $2\frac{5}{6}-\frac{1}{6}$　　④ $4\frac{7}{9}-\frac{2}{9}$

⑤ $4\frac{3}{5}-2$　　⑥ $5\frac{8}{9}-\frac{8}{9}$

2 次の計算をしましょう。　　月　　日

① $3\frac{2}{9}-2\frac{4}{9}$　　② $4\frac{1}{7}-2\frac{6}{7}$

③ $1\frac{1}{3}-\frac{2}{3}$　　④ $1\frac{2}{4}-\frac{3}{4}$

⑤ $2\frac{3}{8}-\frac{7}{8}$　　⑥ $2-\frac{3}{5}$

40 帯分数のひき算②

1 次の計算をしましょう。

① $4\dfrac{6}{7} - 2\dfrac{3}{7}$

② $6\dfrac{8}{9} - 3\dfrac{5}{9}$

③ $1\dfrac{2}{3} - \dfrac{1}{3}$

④ $1\dfrac{3}{8} - \dfrac{1}{8}$

⑤ $2\dfrac{2}{6} - 1$

⑥ $3\dfrac{4}{5} - 2\dfrac{4}{5}$

月　　日

2 次の計算をしましょう。

① $3\dfrac{3}{6} - 2\dfrac{5}{6}$

② $5\dfrac{2}{7} - 2\dfrac{4}{7}$

③ $1\dfrac{7}{10} - \dfrac{9}{10}$

④ $3\dfrac{4}{6} - \dfrac{5}{6}$

⑤ $2\dfrac{1}{4} - \dfrac{2}{4}$

⑥ $2 - 1\dfrac{1}{4}$

月　　日

1 答えが何十・何百になるわり算

1
① 20　② 10
③ 80　④ 50
⑤ 90　⑥ 30
⑦ 70　⑧ 60
⑨ 60　⑩ 50

2
① 300　② 100
③ 400　④ 900
⑤ 700　⑥ 800
⑦ 900　⑧ 400
⑨ 700　⑩ 600

2 1けたでわるわり算の筆算①

1
① 13　② 23
③ 10 あまり 3　④ 179
⑤ 168 あまり 3　⑥ 208 あまり 3
⑦ 69　⑧ 82 あまり 1

2
①
```
      12
  6)  74
      6
      14
      12
       2
```
②
```
      122
  7)  856
      7
      15
      14
       16
       14
        2
```

3 1けたでわるわり算の筆算②

1
① 12　② 43
③ 20 あまり 2　④ 129
⑤ 132　⑥ 109
⑦ 28　⑧ 68 あまり 4

2
①
```
      18
  4)  73
      4
      33
      32
       1
```
②
```
      124
  6)  749
      6
      14
      12
       29
       24
        5
```

4 1けたでわるわり算の筆算③

1
① 29　② 31
③ 20 あまり 2　④ 123
⑤ 108 あまり 2　⑥ 18 あまり 2
⑦ 92　⑧ 30 あまり 6

2
①
```
      18
  5)  94
      5
      44
      40
       4
```
②
```
      102
  9)  918
      9
       18
       18
        0
```

5 1けたでわるわり算の筆算④

1
① 46　② 20
③ 11 あまり 4　④ 101 あまり 8
⑤ 93　⑥ 65 あまり 4
⑦ 32　⑧ 82 あまり 2

2
①
```
      27
  3)  83
      6
      23
      21
       2
```
②
```
      69
  3)  207
      18
      27
      27
       0
```

6 1けたでわるわり算の筆算⑤

1
① 12　② 20
③ 32 あまり 2　④ 139
⑤ 309　⑥ 49 あまり 3
⑦ 41　⑧ 30 あまり 3

2
①
```
      12
  8)  99
      8
      19
      16
       3
```
②
```
      99
  7)  693
      63
      63
      63
       0
```

7 わり算の暗算

1
① 12　② 31
③ 11　④ 12
⑤ 18　⑥ 12
⑦ 19　⑧ 14
⑨ 35　⑩ 12

2
① 14　② 11
③ 21　④ 42
⑤ 12　⑥ 23
⑦ 14　⑧ 12
⑨ 15　⑩ 16

8 3けたの数をかける筆算①

1 ①77376　②72228
③323832　④361005
⑤591074　⑥8932
⑦154570　⑧215710

2 ①
```
      245
    ×256
    1470
    1225
    490
    62720
```
②
```
      609
    ×705
    3045
    4263
    429345
```

9 3けたの数をかける筆算②

1 ①99297　②102396
③221534　④792702
⑤55470　⑥12460
⑦305805　⑧284115

2 ①
```
       49
    ×241
      49
    196
    98
    11809
```
②
```
      841
    ×607
    5887
    5046
    510487
```

10 小数のたし算の筆算①

1 ①3.99　②8.21　③12.05　④14.21
⑤5.31　⑥10.46　⑦8.03　⑧6.9
⑨7　⑩7.532

2 ①
```
      1.89
    +0.4
      2.29
```
②
```
      9.24
    +3
    12.24
```
③
```
      0.309
    +0.891
      1.200
```
④
```
     13.79
    +  0.072
     13.862
```

11 小数のたし算の筆算②

1 ①6.84　②9.94　③12.79　④17.92
⑤4.31　⑥7.34　⑦6.01　⑧8.6
⑨7　⑩12.751

12 小数のひき算の筆算①

2 ①
```
      0.8
    +3.72
      4.52
```
②
```
      4.25
    +4
      8.25
```
③
```
      8.051
    +0.949
      9.000
```
④
```
      1.583
    +0.76
      2.343
```

1 ①7.71　②6.69　③3.78　④7.27
⑤0.88　⑥0.09　⑦2.81　⑧2.72
⑨0.098　⑩3.972

2 ①
```
      1
    -0.81
      0.19
```
②
```
      3.67
    -0.6
      3.07
```
③
```
      0.855
    -0.72
      0.135
```
④
```
      4.23
    -0.125
      4.105
```

13 小数のひき算の筆算②

1 ①2.01　②2.07　③2.77　④1.86
⑤0.88　⑥0.78　⑦6.98　⑧0.46
⑨2.109　⑩0.913

2 ①
```
      1
    -0.18
      0.82
```
②
```
      2.91
    -0.9
      2.01
```
③
```
      4.052
    -0.93
      3.122
```
④
```
      0.98
    -0.801
      0.179
```

14 何十でわるわり算

1 ①2　②4
③2　④3
⑤3　⑥4
⑦8　⑧9
⑨8　⑩9

2 ①4あまり10　②1あまり40
③1あまり10　④2あまり20
⑤6あまり40　⑥8あまり60
⑦9あまり80　⑧2あまり50
⑨2あまり60　⑩6あまり40

15 2けたでわるわり算の筆算①

1 ①3 ②3あまり3
③4 ④9あまり8
⑤14 ⑥22あまり2
⑦30あまり11 ⑧167

2 ①
```
        4
  34)139
      136
        3
```
②
```
       20
  49)980
      98
       0
```

16 2けたでわるわり算の筆算②

1 ①6 ②3あまり5
③7 ④7あまり43
⑤37 ⑥44あまり7
⑦30あまり4 ⑧217あまり25

2 ①
```
        7
  44)310
      308
        2
```
②
```
       60
  14)840
      84
       0
```

17 2けたでわるわり算の筆算③

1 ①4 ②6あまり8
③8 ④3あまり44
⑤36 ⑥31あまり9
⑦40あまり6 ⑧67あまり10

2 ①
```
        5
  91)460
      455
        5
```
②
```
       40
  18)720
      72
       0
```

18 2けたでわるわり算の筆算④

1 ①4 ②3あまり10
③8 ④8あまり10
⑤11 ⑥42あまり11
⑦20あまり43 ⑧219あまり38

2 ①
```
        3
  65)200
      195
        5
```
②
```
       80
  12)960
      96
       0
```

19 3けたでわるわり算の筆算

1 ①3 ②4 ③3
④6あまり4 ⑤2あまり35 ⑥3あまり121

2 ①
```
         3
  309)927
      927
        0
```
②
```
         6
  137)931
      822
      109
```

20 式とその計算の順じょ①

1 ①45 ②49
③14 ④2
⑤23 ⑥0
⑦20 ⑧7

2 ①7 ②24
③16 ④18

21 式とその計算の順じょ②

1 ①29 ②45
③28 ④24
⑤21 ⑥47
⑦39 ⑧72

2 ①31 ②36
③15 ④52

22 小数×整数 の筆算①

1 ①9.6 ②31.5 ③67.2 ④329.4
⑤124.8 ⑥12.6 ⑦72 ⑧413

2 ①4.34 ②6.85 ③15.19 ④50.84
⑤106.92 ⑥236.22 ⑦29.4 ⑧109

23 小数×整数 の筆算②

1 ①5.6 ②32.4 ③30.8 ④357.7
⑤235.6 ⑥653.6 ⑦176 ⑧378

2 ①13.08 ②0.92 ③18.13 ④26.25
⑤620.84 ⑥287.64 ⑦9 ⑧161.4

24 小数×整数 の筆算③

1 ①7.8 ②125.6 ③75.9 ④142.5
⑤144.5 ⑥360.4 ⑦598 ⑧1104

2 ①17.46 ②0.78 ③5.07 ④36.48
⑤87.72 ⑥158.75 ⑦3.6 ⑧207.6

25 小数×整数 の筆算④

1 ①9.6 ②15 ③51.6 ④100.5
⑤429.2 ⑥26.4 ⑦615 ⑧148

2 ①7.83　②21.35　③29.12　④13.49
　　⑤93.28　⑥182.16　⑦9.1　　⑧229.5

26　小数×整数 の筆算⑤

1 ①28.2　②51.2　③71.4　④109.2
　　⑤369.8　⑥475.2　⑦551　　⑧1096
2 ①4.13　②28.8　③31.16　④39.95
　　⑤95.81　⑥326.04　⑦11　　⑧281

27　小数÷整数の 筆算①

1 ①1.2　②7.9　③0.75　④0.29
　　⑤6.1　⑥0.2　⑦0.9　⑧0.02
2 ①24 あまり 1.2　　②5 あまり 3.6
　　③3 あまり 10.4

28　小数÷整数の 筆算②

1 ①1.7　②9.9　③0.13　④0.051
　　⑤2.3　⑥0.4　⑦0.3　⑧0.06
2 ①12 あまり 1.6　　②9 あまり 1.5
　　③2 あまり 2.3

29　小数÷整数の 筆算③

1 ①3.2　②6.7　③0.62　④0.36
　　⑤2.2　⑥0.3　⑦0.8　⑧0.03
2 ①22 あまり 3.1　　②3 あまり 1.5
　　③1 あまり 39.2

30　小数÷整数の 筆算④

1 ①1.3　②2.7　③0.89　④0.057
　　⑤1.3　⑥0.4　⑦0.6　⑧0.06
2 ①11 あまり 1.2　　②5 あまり 2.7
　　③2 あまり 6.4

31　わり進むわり算の筆算①

1 ①0.76　②7.5　③1.55
2 ①0.575　②0.075　③0.375

32　わり進むわり算の筆算②

1 ①0.45　②7.5　③1.25
2 ①0.875　②1.192　③0.25

33　商をがい数で表すわり算の筆算①

1 ①2.1　②3.3　③5.5
2 ①7.14　②1.68　③3.75

34　商をがい数で表すわり算の筆算②

1 ①1　②8　③3
2 ①2.3　②2.9　③2.6

35　仮分数の出てくる分数のたし算

1 ①$\frac{6}{5}\left(1\frac{1}{5}\right)$　②$\frac{5}{4}\left(1\frac{1}{4}\right)$
　③$\frac{8}{7}\left(1\frac{1}{7}\right)$　④$\frac{7}{5}\left(1\frac{2}{5}\right)$
　⑤$\frac{14}{9}\left(1\frac{5}{9}\right)$　⑥$\frac{7}{3}\left(2\frac{1}{3}\right)$
　⑦$\frac{11}{5}\left(2\frac{1}{5}\right)$　⑧$\frac{18}{8}\left(2\frac{2}{8}\right)$
　⑨$2\left(\frac{12}{6}\right)$　⑩$3\left(\frac{15}{5}\right)$
2 ①$\frac{7}{6}\left(1\frac{1}{6}\right)$　②$\frac{8}{7}\left(1\frac{1}{7}\right)$
　③$\frac{11}{9}\left(1\frac{2}{9}\right)$　④$\frac{13}{8}\left(1\frac{5}{8}\right)$
　⑤$\frac{6}{4}\left(1\frac{2}{4}\right)$　⑥$\frac{13}{5}\left(2\frac{3}{5}\right)$
　⑦$\frac{13}{4}\left(3\frac{1}{4}\right)$　⑧$\frac{11}{3}\left(3\frac{2}{3}\right)$
　⑨$2\left(\frac{16}{8}\right)$　⑩$5\left(\frac{10}{2}\right)$

36　仮分数の出てくる分数のひき算

1 ①$\frac{2}{3}$　②$\frac{2}{6}$
　③$\frac{2}{4}$　④$\frac{4}{9}$
　⑤$\frac{6}{4}\left(1\frac{2}{4}\right)$　⑥$\frac{6}{5}\left(1\frac{1}{5}\right)$
　⑦$\frac{7}{6}\left(1\frac{1}{6}\right)$　⑧$\frac{16}{7}\left(2\frac{2}{7}\right)$
　⑨$1\left(\frac{7}{7}\right)$　⑩$1\left(\frac{8}{8}\right)$

2 ① $\dfrac{3}{8}$ ② $\dfrac{1}{9}$

③ $\dfrac{2}{4}$ ④ $\dfrac{1}{3}$

⑤ $\dfrac{4}{3}\left(1\dfrac{1}{3}\right)$ ⑥ $\dfrac{11}{7}\left(1\dfrac{4}{7}\right)$

⑦ $\dfrac{7}{5}\left(1\dfrac{2}{5}\right)$ ⑧ $\dfrac{6}{4}\left(1\dfrac{2}{4}\right)$

⑨ $1\left(\dfrac{6}{6}\right)$ ⑩ $2\left(\dfrac{8}{4}\right)$

37 帯分数のたし算①

1 ① $\dfrac{9}{6}\left(1\dfrac{3}{6}\right)$ ② $\dfrac{9}{5}\left(1\dfrac{4}{5}\right)$

③ $\dfrac{47}{9}\left(5\dfrac{2}{9}\right)$ ④ $\dfrac{25}{8}\left(3\dfrac{1}{8}\right)$

⑤ $\dfrac{33}{8}\left(4\dfrac{1}{8}\right)$ ⑥ $\dfrac{9}{4}\left(2\dfrac{1}{4}\right)$

2 ① $\dfrac{29}{5}\left(5\dfrac{4}{5}\right)$ ② $\dfrac{20}{3}\left(6\dfrac{2}{3}\right)$

③ $\dfrac{44}{7}\left(6\dfrac{2}{7}\right)$ ④ $\dfrac{29}{4}\left(7\dfrac{1}{4}\right)$

⑤ $3\left(\dfrac{27}{9}\right)$ ⑥ $2\left(\dfrac{20}{10}\right)$

38 帯分数のたし算②

1 ① $\dfrac{29}{6}\left(4\dfrac{5}{6}\right)$ ② $\dfrac{78}{9}\left(8\dfrac{6}{9}\right)$

③ $\dfrac{26}{10}\left(2\dfrac{6}{10}\right)$ ④ $\dfrac{30}{9}\left(3\dfrac{3}{9}\right)$

⑤ $\dfrac{7}{3}\left(2\dfrac{1}{3}\right)$ ⑥ $\dfrac{18}{4}\left(4\dfrac{2}{4}\right)$

2 ① $\dfrac{31}{8}\left(3\dfrac{7}{8}\right)$ ② $\dfrac{31}{4}\left(7\dfrac{3}{4}\right)$

③ $\dfrac{41}{5}\left(8\dfrac{1}{5}\right)$ ④ $5\left(\dfrac{40}{8}\right)$

⑤ $6\left(\dfrac{42}{7}\right)$ ⑥ $4\left(\dfrac{24}{6}\right)$

39 帯分数のひき算①

1 ① $\dfrac{7}{5}\left(1\dfrac{2}{5}\right)$ ② $\dfrac{16}{7}\left(2\dfrac{2}{7}\right)$

③ $\dfrac{16}{6}\left(2\dfrac{4}{6}\right)$ ④ $\dfrac{41}{9}\left(4\dfrac{5}{9}\right)$

⑤ $\dfrac{13}{5}\left(2\dfrac{3}{5}\right)$ ⑥ $5\left(\dfrac{45}{9}\right)$

2 ① $\dfrac{7}{9}$ ② $\dfrac{9}{7}\left(1\dfrac{2}{7}\right)$

③ $\dfrac{2}{3}$ ④ $\dfrac{3}{4}$

⑤ $\dfrac{12}{8}\left(1\dfrac{4}{8}\right)$ ⑥ $\dfrac{7}{5}\left(1\dfrac{2}{5}\right)$

40 帯分数のひき算②

1 ① $\dfrac{17}{7}\left(2\dfrac{3}{7}\right)$ ② $\dfrac{30}{9}\left(3\dfrac{3}{9}\right)$

③ $\dfrac{4}{3}\left(1\dfrac{1}{3}\right)$ ④ $\dfrac{10}{8}\left(1\dfrac{2}{8}\right)$

⑤ $\dfrac{8}{6}\left(1\dfrac{2}{6}\right)$ ⑥ $1\left(\dfrac{5}{5}\right)$

2 ① $\dfrac{4}{6}$ ② $\dfrac{19}{7}\left(2\dfrac{5}{7}\right)$

③ $\dfrac{8}{10}$ ④ $\dfrac{17}{6}\left(2\dfrac{5}{6}\right)$

⑤ $\dfrac{7}{4}\left(1\dfrac{3}{4}\right)$ ⑥ $\dfrac{3}{4}$

教科書ぴったりトレーニング はなまるシール

- ふろくの「がんばり表」に使おう！
- はじめに、キミのおとも犬を選んで、がんばり表にはろう！
- 学習が終わったら、がんばり表に「はなまるシール」をはろう！
- 余ったシールは自由に使ってね。

キミのおとも犬

はなまるシール

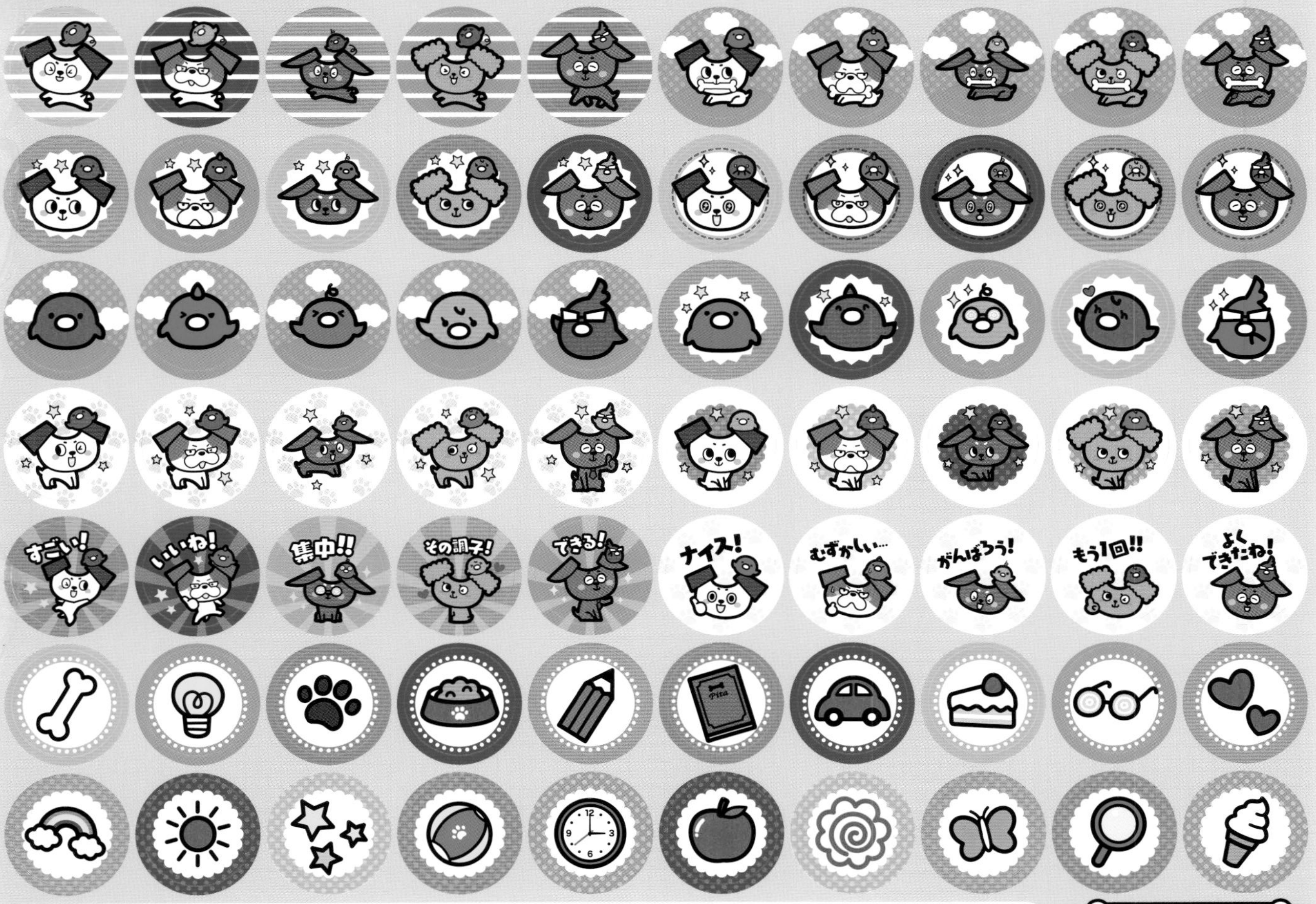

ごほうびシール

教科書ぴったりトレーニング

算数 4年 がんばり表

いつも見えるところに、この「がんばり表」をはっておこう。
この「ぴたトレ」を学習したら、シールをはろう！
どこまでがんばったかわかるよ。

すきな

なまえをつけてね！

なまえ

ぴた犬
（おとも犬）
シールを
はろう

シールの中からすきなぴた犬をえらぼう。

6. 小 数
① 小数の表し方
② 小数のしくみ
③ 小数のたし算・ひき算

34〜35ページ ぴったり12
できたらシールをはろう

5. 垂直・平行と四角形
① 垂直と平行
② 垂直や平行な直線のかき方
③ 四角形

32〜33ページ ぴったり3
できたらシールをはろう

30〜31ページ ぴったり12
できたらシールをはろう

28〜29ページ ぴったり12
できたらシールをはろう

26〜27ページ ぴったり12
できたらシールをはろう

4. 角とその大きさ
① 角の大きさのはかり方
② 角のかき方

24〜25ページ ぴったり3
できたらシールをはろう

22〜23ページ ぴったり12
できたらシールをはろう

20〜21ページ ぴったり12
できたらシールをはろう

3. 1けたでわるわり算の筆算
① （2けた）÷（1けた）の筆算
② （3けた）÷（1けた）の筆算
③ 暗 算

18〜19ページ ぴったり3
できたらシールをはろう

16〜17ページ ぴったり12
できたらシールをはろう

14〜15ページ ぴったり12
できたらシールをはろう

2. 折れ線グラフ
① 変わり方を表すグラフ
② 折れ線グラフのかき方
③ 2つのグラフをくらべて

12〜13ページ ぴったり3
できたらシールをはろう

10〜11ページ ぴったり12
できたらシールをはろう

8〜9ページ ぴったり12
できたらシールをはろう

1. 一億をこえる数
① 大きな数の位
② 大きな数の計算

6〜7ページ ぴったり3
できたらシールをはろう

4〜5ページ ぴったり12
できたらシールをはろう

2〜3ページ ぴったり12
できたらシールをはろう

スタート

36〜37ページ ぴったり12
できたらシールをはろう

38〜39ページ ぴったり12
できたらシールをはろう

40〜41ページ ぴったり3
できたらシールをはろう

活用. 見積もりを使って

42〜43ページ
できたらシールをはろう

7. 2けたでわるわり算の筆算
① 何十でわるわり算
② 商が1けたになる筆算
③ 商が2けた、3けたになる筆算
④ わり算のせいしつ

44〜45ページ ぴったり12
できたらシールをはろう

46〜47ページ ぴったり12
できたらシールをはろう

48〜49ページ ぴったり12
できたらシールをはろう

50〜51ページ ぴったり12
できたらシールをはろう

52〜53ページ ぴったり3
できたらシールをはろう

8. 式と計算の順じょ
① いろいろな計算がまじった式
② 計算のきまり
③ 式のよみ方
④ 計算の間の関係

54〜55ページ ぴったり12
できたらシールをはろう

56〜57ページ ぴったり12
できたらシールをはろう

58〜59ページ ぴったり3
できたらシールをはろう

9. 割 合
① 倍の見方
② 何倍になるかを考えて

60〜61ページ ぴったり12
できたらシールをはろう

62〜63ページ ぴったり12
できたらシールをはろう

64〜65ページ ぴったり12
できたらシールをはろう

66〜67ページ ぴったり3
できたらシールをはろう

○. そろばん

68ページ ぴったり12
できたらシールをはろう

---

13. 調べ方と整理のしかた

98〜99ページ ぴったり3
できたらシールをはろう

96〜97ページ ぴったり12
できたらシールをはろう

★. だれでしょう

94〜95ページ
できたらシールをはろう

12. 小数のかけ算とわり算
① 小数のかけ算
② 小数のわり算
③ 小数倍

92〜93ページ ぴったり3
できたらシールをはろう

90〜91ページ ぴったり12
できたらシールをはろう

88〜89ページ ぴったり12
できたらシールをはろう

86〜87ページ ぴったり12
できたらシールをはろう

★. 見方・考え方を深めよう(1)

84〜85ページ
できたらシールをはろう

11. がい数とその計算
① がい数の表し方
② がい数の計算

82〜83ページ ぴったり3
できたらシールをはろう

80〜81ページ ぴったり12
できたらシールをはろう

78〜79ページ ぴったり12
できたらシールをはろう

76〜77ページ ぴったり12
できたらシールをはろう

10. 面 積
① 面積
② 面積の求め方のくふう
③ 大きな面積
④ 面積の単位の関係

74〜75ページ ぴったり3
できたらシールをはろう

72〜73ページ ぴったり12
できたらシールをはろう

70〜71ページ ぴったり12
できたらシールをはろう

69ページ ぴったり3
できたらシールをはろう

★. 見方・考え方を深めよう(2)

100〜101ページ
できたらシールをはろう

14. 分 数
① 1より大きい分数の表し方
② 分数のたし算・ひき算
③ 等しい分数

102〜103ページ ぴったり12
できたらシールをはろう

104〜105ページ ぴったり12
できたらシールをはろう

106〜107ページ ぴったり12
できたらシールをはろう

108〜109ページ ぴったり3
できたらシールをはろう

15. 変わり方

110〜111ページ ぴったり12
できたらシールをはろう

112〜113ページ ぴったり12
できたらシールをはろう

114〜115ページ ぴったり12
できたらシールをはろう

16. 直方体と立方体
① 直方体と立方体
② 面や辺の平行と垂直
③ 位置の表し方

116〜117ページ ぴったり12
できたらシールをはろう

118〜119ページ ぴったり12
できたらシールをはろう

120〜121ページ ぴったり12
できたらシールをはろう

122〜123ページ ぴったり3
できたらシールをはろう

★. わくわくプログラミング

124〜125ページ プログラミング
できたらシールをはろう

もうすぐ5年生

126〜128ページ
できたらシールをはろう

ゴール

さいごまで
がんばったキミは
「ごほうびシール」
をはろう！

教科書ぴったりトレーニングの使い方

『ぴたトレ』は教科書にぴったり合わせて使うことができるよ。教科書も見ながら、勉強していこうね。ぴた犬たちが勉強をサポートするよ。

ふだんの学習

ぴったり1 じゅんび

教科書のだいじなところをまとめていくよ。
◎ねらい でどんなことを勉強するかわかるよ。
問題に答えながら、わかっているかかくにんしよう。
QRコードから「3分でまとめ動画」が見られるよ。

※QRコードは株式会社デンソーウェーブの登録商標です。

ぴったり2 練習

「ぴったり1」で勉強したことが身についているかな？かくにんしながら、練習問題に取り組もう。

★できた問題には、「た」をかこう！★

でき① でき② でき③ でき④

ぴったり3 たしかめのテスト

「ぴったり1」「ぴったり2」が終わったら取り組んでみよう。
学校のテストの前にやってもいいね。
わからない問題は、ふりかえり🐶 を見て前にもどってかくにんしよう。

実力チェック

 夏のチャレンジテスト
 冬のチャレンジテスト
春のチャレンジテスト
4年 算数のまとめ 学力しんだんテスト

夏休み、冬休み、春休み前に使いましょう。
学期の終わりや学年の終わりのテストの前にやってもいいね。

ふだんの学習が終わったら、「がんばり表」にシールをはろう。

別冊

答えとてびき

うすいピンク色のところには「答え」が書いてあるよ。取り組んだ問題の答え合わせをしてみよう。わからなかった問題やまちがえた問題は、右の「てびき」を読んだり、教科書を読み返したりして、もう一度見直そう。

おうちのかたへ

本書『教科書ぴったりトレーニング』は、教科書の要点や重要事項をつかむ「ぴったり1 じゅんび」、おさらいをしながら問題に慣れる「ぴったり2 練習」、テスト形式で学習事項が定着したか確認する「ぴったり3 たしかめのテスト」の3段階構成になっています。教科書の学習順序やねらいに完全対応していますので、日々の学習（トレーニング）にぴったりです。

「観点別学習状況の評価」について

学校の通知表は、「知識・技能」「思考・判断・表現」「主体的に学習に取り組む態度」の3つの観点による評価がもとになっています。

問題集やドリルでは、一般に知識・技能を問う問題が中心になりますが、本書『教科書ぴったりトレーニング』では、次のように、観点別学習状況の評価に基づく問題を取り入れて、成績アップに結びつくことをねらいました。

ぴったり3 たしかめのテスト　チャレンジテスト

- 「知識・技能」を問う問題か、「思考・判断・表現」を問う問題かで、それぞれに分類して出題しています。
- 「知識・技能」では、主に基礎・基本の問題を、「思考・判断・表現」では、主に活用問題を取り扱っています。

発展について

はってん … 学習指導要領では示されていない「発展的な学習内容」を扱っています。

別冊『答えとてびき』について

🏠 おうちのかたへ では、次のようなものを示しています。

- 学習のねらいやポイント
- 他の学年や他の単元の学習内容とのつながり
- まちがいやすいことやつまずきやすいところ

お子様への説明や、学習内容の把握などにご活用ください。

◎しあげの5分レッスン では、学習の最後に取り組む内容を示しています。

◎しあげの5分レッスン
まちがえた問題をもう1回やってみよう。

学習をふりかえることで学力の定着を図ります。

もくじ

算数4年
啓林館版
わくわく算数

  教科書ぴったりトレーニング

▶3分でまとめ動画

3分でまとめ

① 一億をこえる数

① 大きな数の位

教科書 上 10〜18 ページ ⧠答え 1 ページ

✎ 次の □ にあてはまることばや数をかきましょう。

◎ねらい 一億をこえる数のよみ方やかき方がわかるようにしよう。 練習 ① ② ③ ➜

🐾 一億をこえる数のしくみ

★千万の位の1つ上の位を、**一億の位**といいます。

★千億の位の1つ上の位を、**一兆の位**といいます。

千	百	十	一	千	百	十	一	千	百	十	一	千	百	十	一
			兆				億				万				
			6	3	2	1	7	5	9	4	8	0	0	0	0

★上の表の数をよむと、「六十三兆二千百七十五億九千四百八十万」

1 9435706218000 をよみましょう。

とき方 右から順に4けたごとに区切るとよみやすくなります。

兆				億				万							
9	4	3	5	7	0	6	2	1	8	0	0	0			

答えを漢字でかくと、 □ です。

2 5億8000万は、どんな数ですか。

とき方 1億を □ こ、1000万を □ こあわせた数です。

または、

1000万を □ こ集めた数です。

◎ねらい 大きな数のしくみがわかるようにしよう。 練習 ④ ➜

🐾 大きな数のしくみ

どんな数でも、各位の数字は、

10倍するごとに位が**1つずつ上がり**ます。

10でわるごとに位が**1つずつ下がり**ます。

100でわる ┐
10でわる ┐
4 億
40 億
400 億 ┐
4000 億 ┤ 10倍
4 兆 ┘ 100倍

3 500億を10倍、100倍した数は何ですか。また、10や100でわった数は何ですか。

とき方 10倍した数…①□　　100倍した数…②□

10でわった数…③□　　100でわった数…④□

★ できた問題には、「た」をかこう！★

でき 1 た でき 2 でき 3 でき 4 でき 5

教科書 上 10〜18 ページ | 答え 1 ページ

1 次の数をよみましょう。

教科書 11 ページ **1**、13 ページ **1**

① 830450790 （　　　　　　　　　　　　）

② 10005600028403 （　　　　　　　　　　　　）

2 数字でかきましょう。

教科書 12 ページ **3**、14 ページ **3**

① 六十七億四千二十万　　　　　② 十三兆八百億

（　　　　　　　　　）　　　　（　　　　　　　　　）

！まちがい注意

3 数字でかきましょう。

教科書 15 ページ **5**・**6**

① 1億を8こ、10万を7こあわせた数

（　　　　　　　　　　　　）

② 1兆を3こ、1億を6こあわせた数

（　　　　　　　　　　　　）

③ 1000億を40こ集めた数

（　　　　　　　　　　　　）

4 次の数を 10 倍、100 倍した数は何ですか。
また、10 や 100 でわった数は何ですか。

教科書 17 ページ **2**

① 20億　　　　　　　　　　　② 7兆

10 倍した数 ⁽ア（　　　　）　　10 倍した数 ⁽ア（　　　　）

100 倍した数 ⁽イ（　　　　）　　100 倍した数 ⁽イ（　　　　）

10 でわった数 ⁽ウ（　　　　）　　10 でわった数 ⁽ウ（　　　　）

100 でわった数 ⁽エ（　　　　）　　100 でわった数 ⁽エ（　　　　）

5 0から9までの10この数字をすべて使って、12けたの整数をつくります。
いちばん大きい整数をつくりましょう。

教科書 18 ページ **4**

（　　　　　　　　　　　　）

ヒント **5** 999…からはじまる12けたの整数になります。

3

ぴったり1
じゅんび

1 一億をこえる数
② 大きな数の計算

学習日　　月　　日

教科書　上 19〜20 ページ　答え　2 ページ

次の◯◯にあてはまる数をかきましょう。

ねらい 大きな数のかけ算がくふうしてできるようにしよう。　練習 ②→

🐾 **かけ算のくふう**

64×2＝128 を使って、次のように答えが求められます。

① 6400×200 の計算

64 ×2 ＝128
　×100　×100　×10000
6400×200＝1280000

② 64万×2万の計算

64 ×2 ＝128
　×1万　×1万　×1億
64万×2万＝128億

1 19×42＝798 を使って、1900×4200 の答えを求めましょう。

とき方 19　　×42　　＝798
　×①◯　　×②◯　　×③◯
1900　　×4200　　＝④◯

100×100 は、10000 だね。

ねらい 3けたの数をかける筆算ができるようにしよう。　練習 ③→

🐾 **3けたの数をかける筆算のしかた**

```
    158
  ×247
  1106   ……158×  7＝ 1106
   632   ……158× 40＝ 6320
   316   ……158×200＝31600
  39026
```

かけ算の答えを積というよ。
また、たし算の答えは和、
ひき算の答えは差というよ。

2 142×356 を計算しましょう。

とき方 2けたの数をかける筆算と
同じ方法でします。
　右のようにして計算します。

```
    142
  ×356
    852
  ①◯
   426
  ②◯
```

教科書　上 19〜20 ページ　　答え　2 ページ

1 くふうして、次の計算をしましょう。　教科書 19 ページ **1**

① 43 億＋28 億

② 43 兆−28 兆

2 56×34＝1904 を使って、次の答えを求めましょう。　教科書 19 ページ **2**・**3**

① 5600×3400

② 56 万×34

③ 56 万×34 万

④ 56 億×34 万

3 次の計算をしましょう。　教科書 20 ページ **1**・**2**

①
```
   49
× 536
```

②
```
   78
× 257
```

③
```
  127
× 823
```

④
```
  136
× 359
```

⑤
```
  527
× 108
```

⑥
```
  705
× 502
```

4 くふうして、次の計算をしましょう。　教科書 20 ページ **2**・**3**

① 4800×260

② 650×3200

ヒント　**4** ①　48×26 の筆算が使えます。

ぴったり 3
たしかめのテスト

① 一億をこえる数

時間 30分
／100
ごうかく 80点

教科書　上 10〜22 ページ　答え　3 ページ

知識・技能　／80点

❶ よく出る　次の数をよみましょう。　各4点(8点)

① 70300400108

（　　　　　　　　　　　　　　　）

② 4937006181251

（　　　　　　　　　　　　　　　）

❷ よく出る　数字でかきましょう。　各4点(8点)

① 二億七千三十六万

（　　　　　　　　　　　　　　　）

② 五十兆八百九十億

（　　　　　　　　　　　　　　　）

❸ よく出る　□にあてはまる数をかきましょう。　各4点(8点)

① 1兆を 10 こ、1億を 400 こあわせた数は 　　　　　　　 です。

② 1000 万を 50 こ集めた数は 　　　　　　　 です。

❹ よく出る　下の数直線で、あ、い、う、えにあたる数をかきましょう。

各3点(12点)

あ　　　　　　　　　　い　　　　　う　　　え
0　　　　　　100億　　　　　200億　　　　300億

あ（　　　　　　　）　い（　　　　　　　）

う（　　　　　　　）　え（　　　　　　　）

6

5 ☐にあてはまる数をかきましょう。

各3点（24点）

①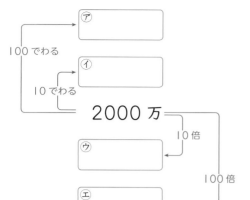

100でわる → ㋐

10でわる → ㋑

2000万

10倍

㋒

100倍

㋓

②

100でわる → ㋐

10でわる → ㋑

600億

10倍

㋒

100倍

㋓

6 次の計算をしましょう。

各4点（8点）

① 38億＋29億

② 104兆－75兆

7 次の計算をしましょう。

各4点（12点）

①
```
   64
×915
```

②
```
  371
×498
```

③
```
  225
×603
```

思考・判断・表現　　／20点

できたらスゴイ！

8 0から9までの10この数字をそれぞれ1回ずつ使って、10けたの整数をつくります。

50億にいちばん近い整数はいくつですか。

（5点）

（　　　　　　　　　　）

9 **よく出る** 43×18＝774を使って、次の答えを求めましょう。

各5点（10点）

① 4300×1800

② 43億×18万

10 くふうして、5200×380を計算しましょう。

（5点）

ふりかえり ❶がわからないときは、2ページの❶にもどってかくにんしてみよう。

7

ふろくの「計算せんもんドリル」8〜9もやってみよう！

2 折れ線グラフ

① **変わり方を表すグラフ**

📖 教科書　上 23〜26 ページ　　▶答え　4 ページ

✏ 次の □ にあてはまることばや数をかきましょう。

🎯 ねらい　折れ線グラフをよめるようにしよう。　　　練習 ① ② →

🐾 折れ線グラフ

★気温などの変わり方をわかりやすく表すのに、右の図のような**折れ線グラフ**を使います。

★右のグラフで、**午前 11 時**の気温は **19 度**です。

🐾 折れ線グラフのかたむき

折れ線グラフでは、線のかたむきで、変わり方がわかります。

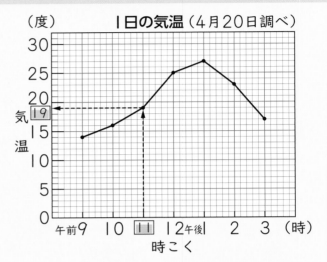

（度）　　1日の気温（4月20日調べ）

時こく

1 上の「1日の気温」の折れ線グラフを見て、次の問いに答えましょう。

(1) 横のじく、たてのじくは、何を表していますか。

(2) 午前9時の気温は何度ですか。

(3) 1時間の間に気温が3度上がったのは、何時から何時までの間ですか。

(4) 気温の上がり方がいちばん大きいのは、何時から何時までの間ですか。

(5) 気温の下がり方がいちばん大きいのは、何時から何時までの間ですか。

とき方 (1) 横のじくは □ 、たてのじくは □ です。
　　　　　　　　└ 単位は（時）　　　　　　　　└ 単位は（度）

(2) たてのじくの1目もりは □ 度だから、午前9時の気温は □ 度です。
　　　　　　　　　　　　　　└ 5目もりで5度

(3) 3目もり分上がっているところだから、午前 □ 時から午前 □ 時までの間です。

(4) 午前 □ 時から午前 □ 時までの間です。

(5) 午後 □ 時から午後 □ 時までの間です。

> 線のかたむきが急なところほど、変わり方も大きいよ。

ぴったり 2
練習

★ できた問題には、「た」をかこう！ ★
でき 1
でき 2

学習日
月　　日

教科書 上 23〜26 ページ　答え 4 ページ

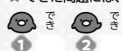

🔍 よくみて

1 下のグラフは、4月21日の1日の気温を調べたものです。　教科書 24 ページ **1**

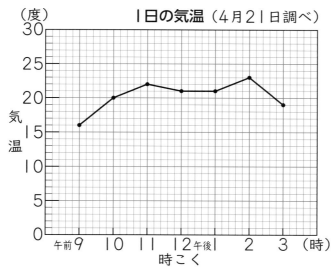

1日の気温（4月21日調べ）

① 気温がいちばん高かったのは、何時で、何度ですか。

（　　　　　　　　　　）

② 気温がいちばん低かったのは、何時で、何度ですか。

（　　　　　　　　　　）

2 **1**のグラフを見て、答えましょう。　教科書 25 ページ **2**、26 ページ **▲**

① 午前9時から午後3時の間で、気温が上がっているのは、何時から何時までの間ですか。全部かきましょう。

（　　　　　　　　　　）

② 午前12時と午後1時の気温は、どうなっていますか。

（　　　　　　　　　　）

③ 午前11時から午前12時の間と、午後2時から午後3時の間では、気温の下がり方はどちらが大きいですか。

（　　　　　　　　　　）

④ 気温の上がり方がいちばん大きいのは、何時から何時までの間ですか。

（　　　　　　　　　　）

🔵 ヒント　**2** ④ 線のかたむきが急なところほど、変わり方も大きいことを表しています。

9

② 折れ線グラフ

② 折れ線グラフのかき方
③ 2つのグラフをくらべて

✏ 次の ◯ にあてはまることばをかきましょう。

◎ ねらい 折れ線グラフがかけるようにしよう。 練習 ①②➡

🐾 折れ線グラフのかき方

❶ 表題をかく。

❷ 横のじくに時こくをとる。
目もりをつけて、単位をかく。

❸ たてのじくに気温をとる。
目もりをつけて、単位をかく。

❹ それぞれの時こくの気温を表す点をうつ。

❺ 点を順に直線でつなぐ。

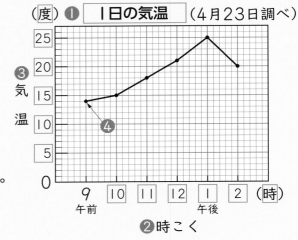

（度）❶ 1日の気温 （4月23日調べ）

❸ 気温

❷ 時こく

1 右の表は、4月23日の1日の気温です。
これを折れ線グラフにかきます。

1日の気温（4月23日調べ）

時こく（時）	午前9	10	11	12	午後1	2
気　温（度）	14	15	18	21	25	20

とき方 次のようにかきます。

❶ 表題の ◯ （4月23日調べ）をかく。

❷ 横のじくに時こくをとる。目もりをつけて、単位の（時）をかく。

❸ たてのじくに気温をとる。目もりをつけて、単位の（ ◯ ）をかく。

❹ それぞれの時こくの気温を表す点をうつ。

❺ 点を順に直線でつなぐ。

❶～❺より、グラフは上の図のようになります。

単位をつけわすれ
ないようにね。

2 下の表は、こうたさんの体温を2時間
ごとにはかったものです。これを折れ線
グラフにかいてみましょう。

こうたさんの体温

時こく（時）	午前8	10	12	午後2	4
体　温（度）	37.2	37.6	38.4	38.0	37.1

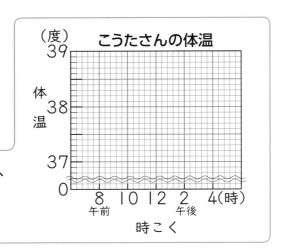

（度） こうたさんの体温

体温

時こく

とき方 体温が37度より下になることがないので、
〰〰 の印を使って、0から37度の間の目もりを
省いてかきます。

ぴったり2
練習

★できた問題には、「た」をかこう！★
でき ① でき ② でき ③

学習日　　　月　　　日

教科書　上 28〜34 ページ　答え　4 ページ

1 下の表は、4月27日の1日の気温です。

1日の気温（4月27日調べ）

時こく（時）	午前6	8	10	12	午後2	4	6
気温（度）	12	13	19	21	23	22	20

これを折れ線グラフにかきましょう。

教科書 28 ページ **1**

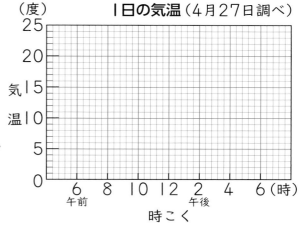
1日の気温（4月27日調べ）

2 下の折れ線グラフは、ある自動はん売機で売れた水の数とお茶の数を、それぞれ日別に表したものです。

1目もりが表す大きさに気をつけよう。

（本）売れた水の数

（本）売れたお茶の数

2つのグラフがくらべやすいように、お茶と水の売れた数を1つのグラフにかきます。右のグラフに、水のグラフをかきましょう。

教科書 32 ページ **1**

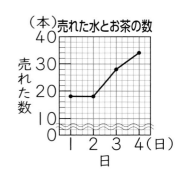
（本）売れた水とお茶の数

よくよんで

3 右のグラフは、ある都市の月別の気温とこう水量を表したものです。折れ線グラフが月別の気温を、ぼうグラフが月別のこう水量を表しています。

教科書 34 ページ **3**

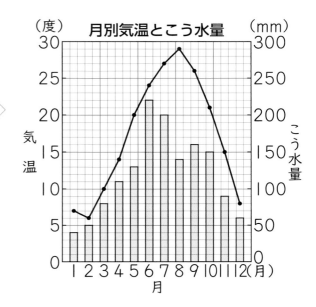
（度）月別気温とこう水量（mm）

① 気温がいちばん低かったのは、何月で、何度ですか。

（　　　　　　　　　　　　　）

② こう水量がいちばん多かったのは、何月で、何 mm ですか。

（　　　　　　　　　　　　　）

ヒント **3** 折れ線グラフかぼうグラフのどちらを見ればよいか注意しましょう。

11

ぴったり3
たしかめのテスト

② 折れ線グラフ

時間 30 分
／100
ごうかく 80 点

教科書 上 23～35 ページ　　答え　5 ページ

知識・技能　　　　　　　　　　　　　　　　　　　　　／40点

1 右の折れ線グラフは、2時間ごとに地面の温度を調べたものです。

全部できて　1問10点(30点)

① たてのじくの1目もりが表す大きさを、単位をつけて答えましょう。

（　　　　　　　）

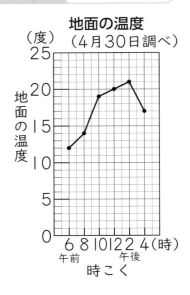

地面の温度
（4月30日調べ）
（度）

地面の温度

時こく

② それぞれの時こくの地面の温度をよみ、下の表にかきましょう。

地面の温度　　　　　　（4月30日調べ）

時こく　　（時）	午前6	8	10	12	午後2	4
地面の温度（度）						

③ 地面の温度の上がり方がいちばん大きいのは、何時から何時までの間ですか。

（　　　　　　　　　　　　　　　　　　）

2 よく出る 下の表は、さくらさんの1月から7月までの身長を調べたものです。

これを折れ線グラフにかきましょう。

（全部できて　10点）

さくらさんの身長　　　　（毎月5日調べ）

月	1	2	3	4	5	6	7
身長(cm)	132.1	132.6	133.5	134.2	134.9	135.4	135.8

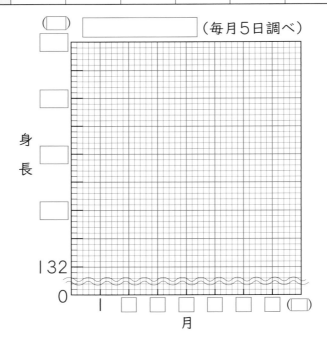

（　）　　　　　　　　（毎月5日調べ）

身長

132

0

1　　　　　　　　　　　　　　　（　）
月

思考・判断・表現　　　　　　　　　　　　　　　　　　　　　　／60点

❸　右の折れ線グラフは、そうたさんと
あおいさんがよんだ本の数を、それぞれ
月別に表したものです。

全部できて　1問15点(30点)

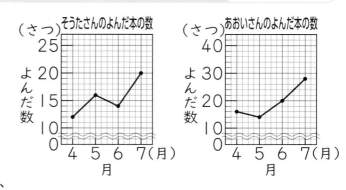

①　2つのグラフをくらべて、だいちさ
んは「6月から7月までの間で、よん
だ本がどれだけふえたかをくらべると、
そうたさんのほうがあおいさんより大
きい。」と考えました。この考えは正し
いですか。

（　　　　　　　　　）

②　2つのグラフがくらべやすいように、
そうたさんのグラフをつくりなおしま
す。
　右のグラフを完成させましょう。

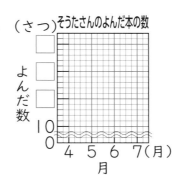

できたらスゴイ！

❹　右のグラフは、ある都市の月別の気温とこう水量を表したものです。
　折れ線グラフが月別の気温を、ぼうグラフが月別のこう水量を表しています。

各10点(30点)

①　1か月間のこう水量が150mmをこえ
たのは何月ですか。全部かきましょう。

（　　　　　　　　　）

②　気温がいちばん高かった月と、気温がい
ちばん低かった月の、気温のちがいは何度
ですか。

（　　　　　　　　　）

③　6月から8月までの3か月間のこう水量
の合計は何mmですか。

（　　　　　　　　　）

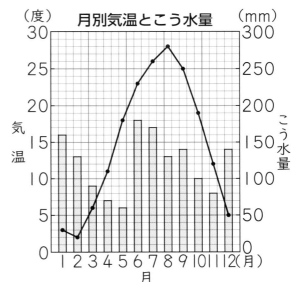

ふりかえり　❶①がわからないときは、8ページの❶にもどってかくにんしてみよう。

13

3分でまとめ

③ 1けたでわるわり算の筆算

① （2けた）÷（1けた）の筆算

教科書　上 36〜41 ページ　　答え　6 ページ

✎ 次の ◯ にあてはまる数をかきましょう。

◎ ねらい　（2けた）÷（1けた）の筆算ができるようにしよう。　　練習 ❶→

🐾 74÷2 の筆算のしかた

$$2\overline{)74}\;\;\frac{3}{}\;\Rightarrow\;2\overline{)74}\;\;\frac{3}{6}\;\Rightarrow\;2\overline{)74}\;\;\frac{3}{\;\;\frac{6}{14}}\;\Rightarrow\;2\overline{)74}\;\;\frac{37}{\;\;\frac{6}{14}\;\;\frac{14}{0}}$$

大きい位から順に計算するよ。

| 7÷2で、3をたてて | 2に3をかけて6 7から6をひいて1 | 4をおろす | 14÷2で、7をたてて 2に7をかけて14 14から14をひいて0 |

上の 37 のような、わり算の答えを 商 といいます。

1　76÷4 を筆算でしましょう。

とき方

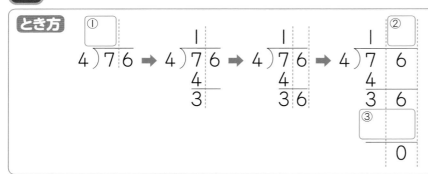

$$4\overline{)76}\;\Rightarrow\;4\overline{)76}\;\;\frac{1}{4}\;\;\frac{}{3}\;\Rightarrow\;4\overline{)76}\;\;\frac{1}{4}\;\;\frac{}{36}\;\Rightarrow\;4\overline{)76}\;\;\frac{1\;\;②}{\;\frac{4}{3\;\;6}}\;\;\frac{}{③\;\;0}$$

たてる→かける→ひく→おろす の順に計算しよう。

◎ ねらい　あまりのあるわり算と答えのたしかめができるようにしよう。　　練習 ❷→

🐾 あまりのあるわり算　86÷3=28 あまり2

$$3\overline{)86}\;\;\frac{2}{}\;\longrightarrow\;3\overline{)86}\;\;\frac{2}{\;\;\frac{6}{2}}\;\longrightarrow\;3\overline{)86}\;\;\frac{2}{\;\;\frac{6}{26}}\;\longrightarrow\;3\overline{)86}\;\;\frac{28}{\;\frac{6}{26}\;\;\frac{24}{2}}$$

商

あまり

答えのたしかめ

3　×28+　2　=　86

| わる数 | × | 商 | + | あまり | ＝ | わられる数 |

2　65÷4=16 あまり1 の答えのたしかめをしましょう。

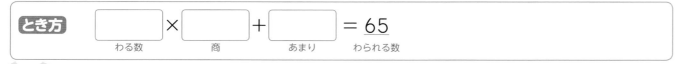

とき方　　◯　×　◯　+　◯　= 65

わる数　　商　　あまり　　わられる数

教科書　上 36〜41 ページ　　答え　6 ページ

1 筆算でしましょう。　　　教科書　38 ページ **1**、39 ページ **2**

① $42 \div 3$

② $78 \div 3$

③ $90 \div 2$

2 次の計算をして、答えのたしかめもしましょう。　　教科書　40 ページ **3**・**4**、41 ページ **6**

①　$6 \overline{)79}$

②　$4 \overline{)51}$

たしかめ　（　　　　　　　　）　　たしかめ　（　　　　　　　　）

! まちがい注意

③　$5 \overline{)72}$

④　$3 \overline{)92}$

たしかめ　（　　　　　　　　）　　たしかめ　（　　　　　　　　）

3 次の計算をしましょう。　　　教科書　41 ページ **6**

①　$3 \overline{)93}$

②　$2 \overline{)80}$

③　$2 \overline{)63}$

4 62 まいの色紙があります。1人に3まいずつ配ると、何人に分けられて、何まいあまりますか。　　　教科書　41 ページ **8**

式

答え　（　　　　　　　　　　　　　　　　）

ヒント　**4** $62 \div 3 = \boxed{}$ あまり $\boxed{}$ → $\boxed{}$ 人に分けられて、$\boxed{}$ まいあまる。

③ 1けたでわるわり算の筆算
② （3けた）÷（1けた）の筆算
③ 暗　算

教科書　上 42〜45 ページ　　答え　6 ページ

✏ 次の ▭ にあてはまる数をかきましょう。

◎ねらい　（3けた）÷（1けた）の筆算ができるようにしよう。　　練習 ①②→

🐾 （3けた）÷（1けた）の筆算

（2けた）÷（1けた）の筆算と同じように、大きい位から

たてる → かける → ひく → おろす

をくり返して計算します。

```
      2 3 8
  4 ) 9 5 2
      8
      1 5
      1 2
        3 2
        3 2
          0
```

9÷4で、
2をたてて
4に2をかけて 8
9から8をひいて 1
5をおろす。
……

🐾 はじめの位に商がたたない筆算（商が2けた）

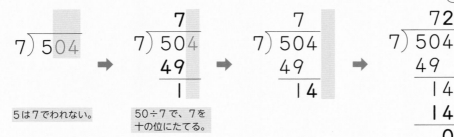

```
7 ) 504
```
5は7でわれない。

```
    7
7 ) 504
    49
     1
```
50÷7で、7を
十の位にたてる。

```
    7
7 ) 504
    49
     14
```

```
    72
7 ) 504
    49
     14
     14
      0
```

1 648÷6 と 225÷5 を筆算でしましょう。

とき方

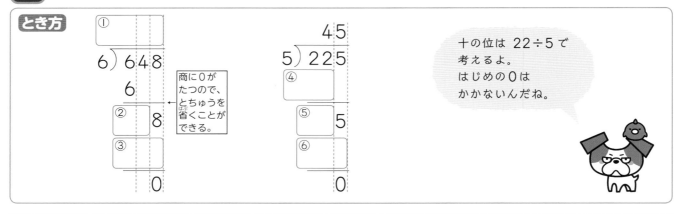

```
     ①▢
  6 ) 648
      6
    ②▢ 8
    ③▢
        0
```

商に0が
たつので、
とちゅうを
省くことが
できる。

```
      4 5
  5 ) 225
  ④▢
    ⑤▢ 5
    ⑥▢
        0
```

十の位は 22÷5 で
考えるよ。
はじめの0は
かかないんだね。

◎ねらい　かんたんなわり算は、暗算でできるようにしよう。　　練習 ③→

🐾 72÷3 の暗算のしかた

7÷3　三二が6で、**20**

12÷3　三四12で、**4**　あわせて　24
└→7−6＝1

7÷3　　12÷3

2 84÷7 を暗算でしましょう。

とき方　8÷7　七一が7で、▢

14÷7　七二14で、▢　あわせて　▢

ぴったり 2
練習

★ できた問題には、「た」をかこう！★
でき ① でき ② でき ③

学習日　　月　　日

教科書　上 42〜45 ページ　　答え　7 ページ

1 次の計算をしましょう。　　教科書 42 ページ **1**

① 　3)714

② 　6)762

③ 　2)509

! まちがい注意

2 次の計算をしましょう。　　教科書 43 ページ **4・5**

① 　7)749

② 　3)615

③ 　4)834

④ 　6)192

⑤ 　9)243

⑥ 　4)274

⑦ 　5)379

⑧ 　3)271

⑨ 　7)564

3 暗算でしましょう。　　教科書 45 ページ **1**

① $28 \div 2$

② $66 \div 3$

③ $92 \div 4$

④ $72 \div 6$

⑤ $87 \div 3$

⑥ $90 \div 5$

時間 **30**分

／100

ごうかく **80**点

知識・技能 ／60点

1 よく出る 次の計算をしましょう。 各4点（32点）

① 6)96

② 3)88

③ 5)675

④ 2)783

⑤ 7)742

⑥ 4)830

⑦ 6)102

⑧ 3)242

2 次の計算をして、答えのたしかめもしましょう。 各2点（16点）

① 3)95

② 4)78

たしかめ（　　　　　　　）　たしかめ（　　　　　　　）

③ 6)563

④ 9)726

たしかめ（　　　　　　　）　たしかめ（　　　　　　　）

3 暗算でしましょう。　　　　　　　　　　　　　　　　　各3点（12点）

① 69÷3　　　　　　　　　　　② 91÷7

③ 70÷5　　　　　　　　　　　④ 92÷2

思考・判断・表現　　　　　　　　　　　　　　　　　　　／40点

4 次の計算はまちがっています。正しく計算しなおしましょう。
また、答えのたしかめもしましょう。

各5点（20点）

①
```
    1 2
 6)8 0
   6
   2 0
   1 2
     8
```
正しい計算

たしかめ（　　　　　　　　　）

②
```
    8 0 2
 3)2 4 6
   2 4
     6
     6
     0
```
正しい計算

たしかめ（　　　　　　　　　）

5 よく出る りんごが795こあります。
1箱に6こずつ入れていくと、箱は何箱できて、何こあまりますか。

式・答え　各5点（10点）

式

答え（　　　　　　　　　）

できたらスゴイ！

6 次の筆算で、商が2けたになるのは、□にどんな数をあてはめたときですか。
あてはまる数をすべて答えましょう。

各5点（10点）

①
```
 3)□4 2
```

②
```
 5)□1 7
```

（　　　　　　　）　　　　　　（　　　　　　　）

ふりかえり　❶①がわからないときは、14ページの❶にもどってかくにんしてみよう。

ふろくの「計算せんもんドリル」１〜７もやってみよう！

ぴったり① じゅんび

④ 角とその大きさ

① 角の大きさのはかり方ー(1)

教科書　上 49〜57 ページ　答え　8 ページ

✏ 次の□にあてはまる数をかきましょう。

🎯 ねらい　角の大きさをはかれるようにしよう。　練習 ①➡

🐾 角の大きさのはかり方

❶ 分度器の中心を頂点アにあわせる。

❷ 0°の線を辺アイにあわせる。

❸ 辺アウの上にある目もりをよむ。
　→あの角は 135°

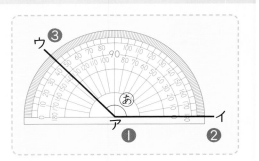

1 次のあ、いの角の大きさをはかりましょう。

とき方　分度器の中心を頂点アにあわせる。
　　　　①□°の線を辺アイにあわせる。
　　　　辺アウの上にある目もりをよむ。

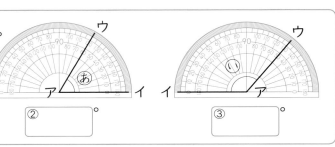

②□°　③□°

🎯 ねらい　1組の三角じょうぎを使ってできる角の大きさを知ろう。　練習 ②➡

　右の図は、1組の三角じょうぎを使って、あ、いの角をつくったものです。

　あの角の大きさは、90°−45°＝45°

　いの角の大きさは、45°−30°＝15°

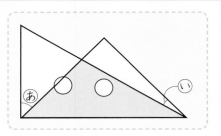

2 1組の三角じょうぎを使って、右のあ、いの角をつくりました。あ、いの角の大きさは何度ですか。

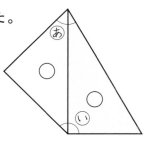

とき方　あの角の大きさは、45°＋①□°＝②□°

　　　　いの角の大きさは、45°＋③□°＝④□°

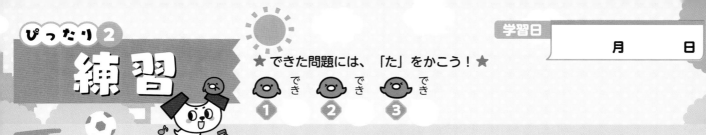

ぴったり2
練習

★できた問題には、「た」をかこう！★
でき 1　でき 2　でき 3

学習日
月　　日

教科書　上 49〜57 ページ　答え　8 ページ

1 次の角の大きさをはかりましょう。

教科書　52 ページ 1、54 ページ 3

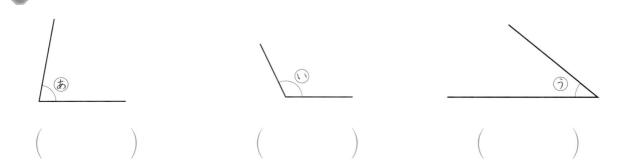

(　　　)　　　(　　　)　　　(　　　)

🔍よくみて

2 下の図は、1組の三角じょうぎを使って、いろいろな角をつくったものです。
ⓐ、ⓘの角の大きさは何度ですか。

教科書　56 ページ 1

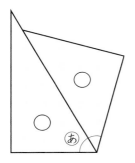
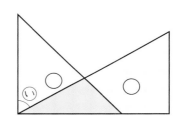

(　　　)　　　　　　(　　　)

3 次のⓐ、ⓘ、ⓤの角の大きさは何度ですか。

教科書　57 ページ 2

半回転の角の大きさは、
180°だよ。

180°

ⓐ (　　　)　　ⓘ (　　　)　　ⓤ (　　　)

ヒント　2　ⓐ 60°＋45°になります。　ⓘ 90°−30°になります。

21

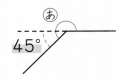
ぴったり❶ じゅんび

4 角とその大きさ
① 角の大きさのはかり方ー(2)
② 角のかき方

学習日　　月　　日

📘教科書　上 58〜61 ページ　📑答え　9 ページ

✏️ 次の◻にあてはまる数や、図の続きをかきましょう。

🎯ねらい　180°をこえる角の大きさをはかれるようにしよう。　　練習❶➡

🐾 180°をこえる角の大きさのはかり方

180°よりどれだけ大きいかを考えると
45°大きいので
　180°＋45°＝225°
360°よりどれだけ小さいかを考えると
135°小さいので
　360°−135°＝225°

半回転 180°や
１回転 360°の
角をもとに考えよう。

1　右のあの角の大きさをはかりましょう。

とき方　● 辺イアをのばします（直線アエ）。
　あの角は、180°＋◻①°＝◻②°
　　　　　　　　└→いの角
● 辺アイと辺アウのつくる小さいほうの
　角（うの角）を分度器ではかって、360°−◻③°＝◻④°
　　　　　　　　　　　　　　　　　　　└→うの角

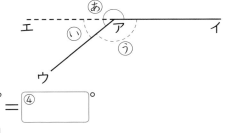

🎯ねらい　角をかけるようにしよう。　　練習❷❸➡

🐾 角のかき方（50°の角）

❶ 辺アイをかく。
❷ 分度器の中心を点ア、0°の線を辺アイに
　あわせる。
❸ 50°の目もりのところに点ウをうつ。
❹ 点アと点ウを通る直線をかく。

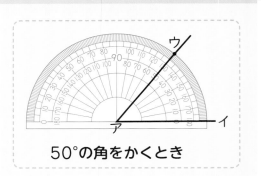

50°の角をかくとき

2　60°の大きさの角をかきましょう。

とき方　分度器の中心を点アにあわせ、
　◻　の線を辺アイにあわせる。
　◻　の目もりのところに点ウをうつ。
　点アと点ウを通る直線をかく。

ア　　　　　　　　イ

ぴったり 2
練習

★ できた問題には、「た」をかこう！★
😊 でき ① 😊 でき ② 😊 でき ③

学習日
月 日

教科書 上58〜61ページ ⇨ 答え 9ページ

1 次の角の大きさをはかりましょう。
教科書 58ページ 1

①

(　　　　　)

②

(　　　　　)

③

(　　　　　)

④

(　　　　　)

2 次の大きさの角をかきましょう。
教科書 60ページ 1・2

① 70°

② 240°

3 下のような三角形を右にかきましょう。
教科書 61ページ 1

40°　　60°
5cm

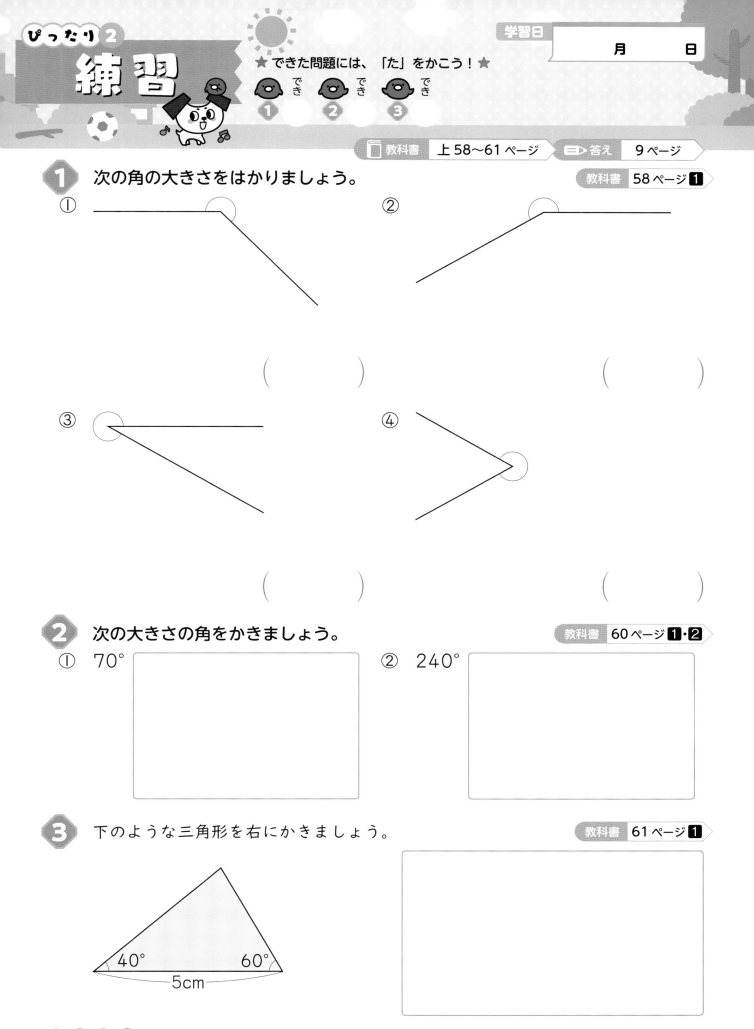

ヒント　❸ まず、5cm の辺からかきはじめます。

知識・技能　　　　　　　　　　　　　　　　　　　　　　　　／65点

1 次の角の大きさは何度ですか。　　　　　　　　　　各5点（15点）

① 直角　　　　　　　② 半回転の角　　　　　③ １回転の角

（　　　　　）　　　　　（　　　　　）　　　　　（　　　　　）

2 よく出る 次の角の大きさをはかりましょう。　　　各5点（20点）

①

（　　　　　）

②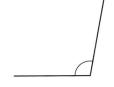

（　　　　　）

③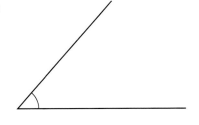

（　　　　　）

④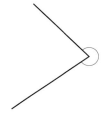

（　　　　　）

3 よく出る 次の大きさの角をかきましょう。　　　各5点（20点）

① 75°　　

② 115°　

③ 220°　

④ 310°　

4 下のような三角形を右にかきましょう。

（10点）

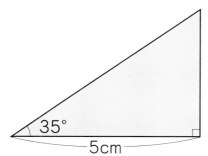

思考・判断・表現 　　　　　　　　　　　　　　　　　　／35点

5 よく出る 下の図は、１組の三角じょうぎを使って、いろいろな角をつくったものです。
あ、い、うの角の大きさは何度ですか。

各5点(15点)

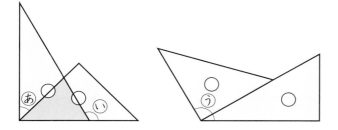

あ（　　　　　）

い（　　　　　）

う（　　　　　）

6 時計の長いはりは何度まわったことになりますか。

各5点(10点)

① 午前６時から午前６時20分まで

（　　　　　）

② 午前６時20分から午前７時10分まで

（　　　　　）

できたらスゴイ！

7 ４cmの直線をかき、直線の右はしから上に
45°をはかって、また４cmの直線をかくことを
くり返してもようをかきます。
　右の図は、とちゅうまでの図です。
　点アにもどってくるまでかいて、もようを完成
させましょう。

（10点）

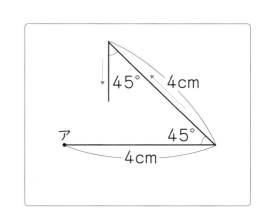

ふりかえり ❷①② がわからないときは、20 ページの **1** にもどってかくにんしてみよう。

⑤ 垂直・平行と四角形

① **垂直と平行**

📖 教科書　上 63〜67 ページ　➡ 答え　10 ページ

✏ 次の ☐ にあてはまる記号やことばをかきましょう。

🎯 **ねらい**　2本の直線が垂直であるということがわかるようにしよう。　練習 ① ②→

🐾 **垂直**

　2本の直線が交わってできる
角が直角のとき、この2本の
直線は**垂直**であるといいます。

　右の図のようなときにも、
直線あと直線いは垂直であると
いいます。

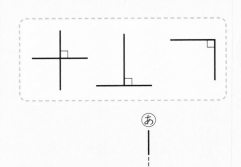

┐ は直角の
印だよ。

1　右の図で、直線かに垂直な直線をすべてみつけましょう。

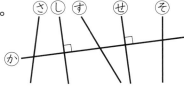

とき方　直線かと交わってできる角が直角の直線を選びます。

直線かに垂直な直線は、直線 ☐ と直線 ☐ です。

🎯 **ねらい**　2本の直線が平行であるということがわかるようにしよう。　練習 ③ ④→

🐾 **平行**

　1本の直線に垂直な2本の直線は
平行であるといいます。

　平行な直線は、どこまでのばしても
交わりません。

　平行な2本の直線あといのはばは、
どこをはかっても等しくなっています。

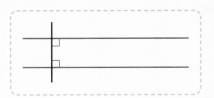

直線アカ、直線イキ、
直線ウクの長さが
等しい。

2　右の図で、直線かに平行な直線をみつけましょう。

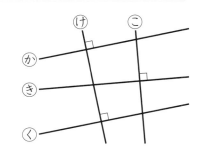

とき方　直線かと直線けは ☐ です。

直線 ☐ と直線けも垂直です。

だから、直線かと直線 ☐ は平行になります。

ぴったり2
練習

★ できた問題には、「た」をかこう！★
でき ① でき ② でき ③ でき ④

学習日
月　　日

教科書 上 63～67 ページ　答え 10 ページ

1 下の図で、2本の直線が垂直になっているものはどれですか。
垂直になっている図をみつけ、すべてに直角の印（└）を図にかきましょう。

教科書 64 ページ **1**

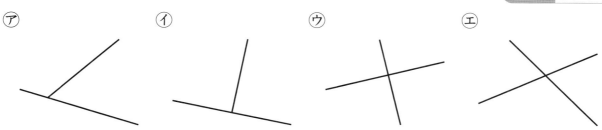

⑦　　　　⑦　　　　⑦　　　　⑦

2 下の図で、2本の直線が垂直になっているものはどれですか。
直線をのばして調べ、垂直になっている図をみつけ、すべてに直角の印（└）を図にかきましょう。

教科書 64 ページ **1**

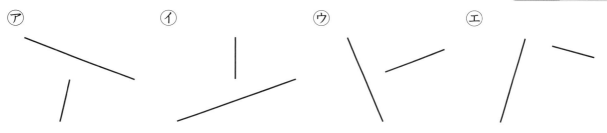

⑦　　　　⑦　　　　⑦　　　　⑦

3 下の図で、直線®と◎が平行になっているものはどれですか。
すべて選びましょう。

教科書 66 ページ **1**

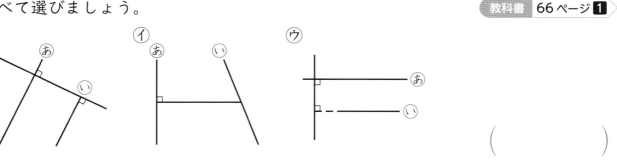

⑦　　　　⑦　　　　⑦

（　　　　　）

4 右の図で、直線アイの長さは、何 cm ですか。

教科書 67 ページ **2**

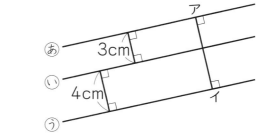

（　　　　　）

◍◍ヒント　**4** 直線®と◎は平行なので、直線のはばは 3 cm です。直線◎と⑤も
平行なので、直線のはばは 4 cm です。

ぴったり1

じゅんび

5 垂直・平行と四角形

② 垂直や平行な直線のかき方

教科書　上 68〜71 ページ　　答え　10 ページ

✏ 次の◯にあてはまることばや数や記号をかきましょう。

◎ねらい　垂直な直線や平行な直線をかけるようにしよう。　　練習 ①②③④→

🐾 垂直な直線や平行な直線のかき方

１組の三角じょうぎを使って、点Aを通って直線あに垂直な直線や平行な直線をかくことができます。

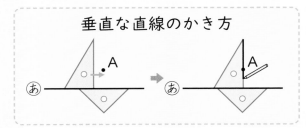

1 たて３cm、横４cm の長方形をかきます。かき方を説明しましょう。

とき方　❶　４cm の辺BCをかきます。

❷　辺BCの両はしに ◯① な直線をかきます。

❸　頂点Bから ② cm をはかって、頂点Aをきめます。

❹　⑦　頂点Aから、辺BCに ③ な直線をかき、
頂点Cからひいた垂直な直線と交わった点を
頂点Dとします。

　　④　頂点Cから ④ cm を
はかって、頂点Dをきめ、
頂点Aと頂点Dを直線で
結びます。

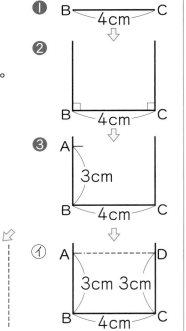

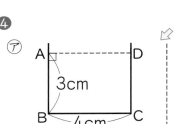

2 右の図で、垂直になっている直線はどれとどれですか。
また、平行になっている直線はどれとどれですか。

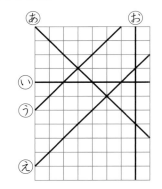

とき方　垂直になっている直線は、
あと ① 、あと ② 、いと ③ です。
平行になっている直線は、
④ と ⑤ です。

ぴったり2
練習

★ できた問題には、「た」をかこう！★
でき ① でき ② でき ③ でき ④

学習日
月　　日

教科書 　上 68〜71 ページ 　答え 　11 ページ

1 下の図で、点Aを通って直線㋐に垂直な直線をかきましょう。　教科書 68 ページ **1**

①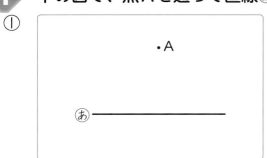

②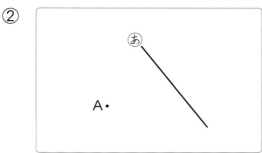

2 下の図で、点Aを通って直線㋐に平行な直線をかきましょう。　教科書 68 ページ **1**

①

②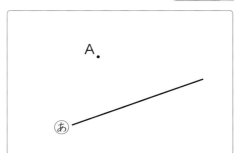

3 たて2cm、横4cmの長方形をかきます。続きをかいて、長方形を完成させましょう。

教科書 70 ページ **1**

かき方は
2とおりあるよ。

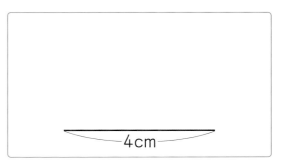
4cm

🔍よくみて

4 下の図で、点Aを通って、直線㋐に垂直な直線と、平行な直線をかきましょう。
また、点Bを通って、直線㋒に垂直な直線と、平行な直線をかきましょう。

教科書 71 ページ **2**

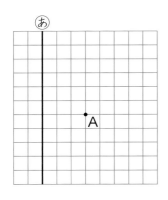

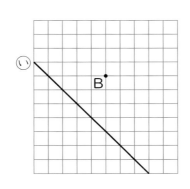

🐾ヒント 　④ 方がん紙のますを使ってかきましょう。

29

教科書 上72〜80ページ 　答え 11ページ

✎ 次の◯にあてはまる記号をかきましょう。

◎ねらい 台形と平行四辺形がどんな四角形かわかるようにしよう。 　練習 ① ② →

🐾 台形　向かいあう1組の辺（へん）が平行な四角形を
台形といいます。

🐾 平行四辺形　向かいあう2組の辺がどちらも
平行になっている四角形を
平行四辺形といいます。

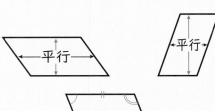

🐾 平行四辺形のとくちょう

⭐向かいあう辺の長さは等しくなっています。

⭐向かいあう角の大きさは等しくなっています。

1 右の図で、台形や平行四辺形をすべてみつけましょう。

とき方　・台形は、向かいあう1組の辺が平行
だから、◯、◯ です。
・平行四辺形は、向かいあう2組の辺がどち
らも平行だから、◯、◯ です。

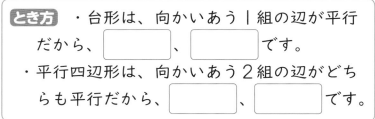

◎ねらい ひし形（がた）がどんな四角形かわかるようにしよう。 　練習 ① ③ →

🐾 ひし形　辺の長さがすべて等しい四角形を
ひし形といいます。

🐾 ひし形のとくちょう

⭐向かいあう辺は平行です。

⭐向かいあう角の大きさは等しくなっています。

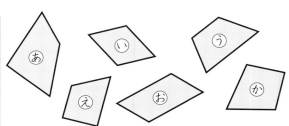

◎ねらい 四角形の対角線（たいかくせん）のとくちょうがわかるようにしよう。 　練習 ③ →

🐾 対角線　四角形の向かいあう頂点（ちょうてん）を結（むす）んだ直線を**対角線**といいます。

⭐平行四辺形の2本の対角線は、**それぞれの**
まん中の点で交わります。

⭐ひし形の2本の対角線は、**それぞれの**
まん中の点で**垂直**（すいちょく）に交わります。

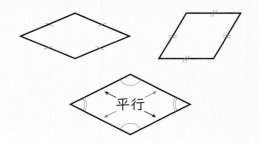

教科書 上72〜80ページ 　答え 11ページ

🔍よくみて

1 下の図で、台形や平行四辺形、ひし形をすべてみつけましょう。

教科書 73ページ 2、76ページ 1

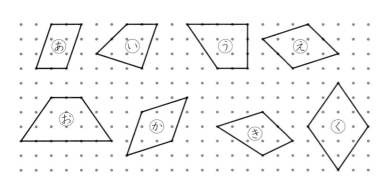

台形　（　　　　　　　　　）

平行四辺形　（　　　　　　　　　）

ひし形　（　　　　　　　　　）

2 下のような平行四辺形をかきましょう。

教科書 75ページ 6

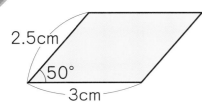

2.5cm

50°

3cm

3 ひし形を対角線で切ったときにできる三角形の名前をかきましょう。

教科書 78ページ 4

① 1本の対角線で切ったときにできる
　あの部分の三角形

② 2本の対角線で切ったときにできる
　いの部分の三角形

（　　　　　　　　）

（　　　　　　　　）

4 右の図は形も大きさも同じ平行四辺形をならべて、すきまなくしきつめたものです。

もとの形と形も大きさもちがう平行四辺形を、図の中に2つかきましょう。

教科書 80ページ 1

もとの形

　2 三角じょうぎや分度器やコンパスを使ってかくことができます。
いろいろなかき方があるので、いろいろ考えてみましょう。

ぴったり3
たしかめのテスト

⑤ 垂直・平行と四角形

時間 30分

／100

ごうかく 80点

教科書 上63〜83ページ 　答え 12ページ

知識・技能 　　　　　　　　　　　　　　　　　　　　　　　　　　／85点

1 下の図で、直線あと直線いが垂直になっているものには○を、平行になっている
ものには△を、どちらでもないものには×をかきましょう。 各3点(12点)

①（　　　　）　　　②（　　　　）　　　③（　　　　）　　　④（　　　　）

2 よく出る 下の図で、点Aを通って直線あに平行な直線、点Bを通って直線いに
垂直な直線をかきましょう。 各4点(8点)

①

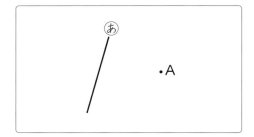

②

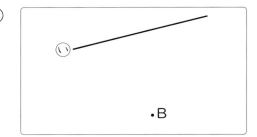

3 よく出る 右の図で、次の直線をすべてみつけましょう。 各3点(12点)

① 直線いに垂直な直線 （　　　　　　　）

② 直線いに平行な直線 （　　　　　　　）

③ 直線かに垂直な直線 （　　　　　　　）

④ 直線かに平行な直線 （　　　　　　　）

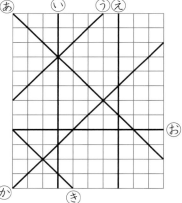

できたらスゴイ！

4 右の図で、平行な直線の組と垂直な直線の組を
すべてみつけましょう。 各4点(8点)

平行な直線の組 （　　　　　　　）

垂直な直線の組 （　　　　　　　）

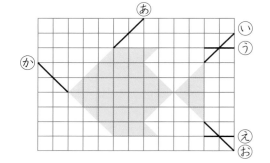

5 右の図で、次の四角形をすべてみつけましょう。　　各3点(9点)

① 台形　　　　　　　(　　　　　　)

② 平行四辺形　　　　(　　　　　　)

③ ひし形　　　　　　(　　　　　　)

6 よく出る 右の四角形ABCDは平行四辺形です。　　各4点(16点)

① 辺AB、辺BCの長さは何cmですか。

　　辺AB (　　　　　) 辺BC (　　　　　)

② 角C、角Dの大きさは何度ですか。

　　角C (　　　　　) 角D (　　　　　)

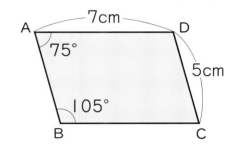

7 よく出る 右の四角形ABCDはひし形です。　　各4点(20点)

① 辺AB、辺BC、辺CDの長さは何cmですか。

　　辺AB (　　　　　) 辺BC (　　　　　)

　　辺CD (　　　　　)

② 角B、角Cの大きさは何度ですか。

　　角B (　　　　　) 角C (　　　　　)

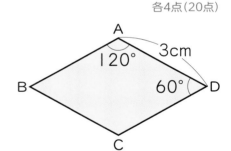

思考・判断・表現　　　　　　　　　　　　　/15点

8 次の3つの点A、点B、点Cを頂点とする平行四辺形を3つかきましょう。

各5点(15点)

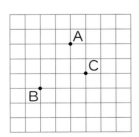 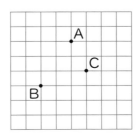 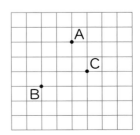

ふりかえり　　❶がわからないときは、26ページの **1 2** にもどってかくにんしてみよう。

⑥　小　数
① 　小数の表し方
② 　小数のしくみ－(1)

3分でまとめ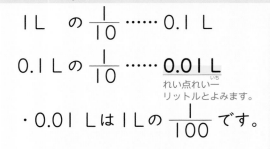

教科書　上 84〜90 ページ　　答え　13 ページ

✏ 次の◻️にあてはまる数をかきましょう。

◎ねらい　小数を使って、0.1 より小さい数を表せるようにしよう。　　練習 ① ② →

$1L$　の $\frac{1}{10}$ …… $0.1\,L$

$0.1\,L$ の $\frac{1}{10}$ …… <u>0.01 L</u>
れい点れい一
リットルとよみます。

・$0.01\,L$ は $1L$ の $\frac{1}{100}$ です。

$1000\,m$ …… $1\,km$

$100\,m$ …… $1\,km$ の $\frac{1}{10}$ …… $0.1\,km$

$10\,m$ …… $0.1\,km$ の $\frac{1}{10}$ …… $0.01\,km$

$1\,m$ …… $0.01\,km$ の $\frac{1}{10}$ …… <u>0.001 km</u>
れい点れいれい一
キロメートルとよみます。

1　1592 m を、km を単位にして表しましょう。

とき方　592 m は、0.1 km 　の 5 こ分で ①◻️ km

0.01 km 　の 9 こ分で ②◻️ km

0.001 km の 2 こ分で ③◻️ km

あわせて ④◻️ km

1592 m は、1 km と ⑤◻️ km で、⑥◻️ km です。

> kg も km と同じように
> 考えればいいよ。

◎ねらい　小数のしくみがわかるようにしよう。　　練習 ③ ④ →

🐾 1 と 0.1、0.01、0.001 の関係

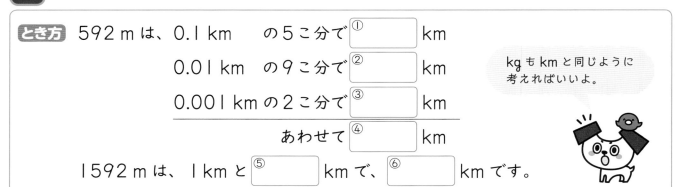

🐾 4.258 という数の見方

4.258 は、1 を 4 こ、0.1 を 2 こ、0.01 を 5 こ、0.001 を 8 こあわせた数です。

2　85.127 は、10、1、0.1、0.01、0.001 をそれぞれ何こあわせた数ですか。

とき方　85.127 は、10 を ①◻️ こ、1 を ②◻️ こ、0.1 を ③◻️ こ、

0.01 を ④◻️ こ、0.001 を ⑤◻️ こあわせた数です。

① 次の水のかさを、L を単位にして表しましょう。

教科書 85ページ **1**

① 　　　　　　　　　　　　　　　　　　　　　　　　（　　　　　　）

0.1Lの
目もりが
また 10 等分
してあるね。

② 　　　　　　　　　　　　　　　　　　　　　　　　（　　　　　　）

② 次の長さや重さを（　）の中の単位で表しましょう。

教科書 86ページ **3**

① 5134 m （km）　　　　　　　② 1.295 km （m）

（　　　　　　　　）　　　　　　　　　（　　　　　　　　）

！ まちがい注意

③ 1715 g （kg）　　　　　　　④ 6.23 kg （g）

（　　　　　　　　）　　　　　　　　　（　　　　　　　　）

③ 次の □ にあてはまる数をかきましょう。

教科書 88ページ **3**

① 5.872 は、1 を [　　　] こ、0.1 を [　　　] こ、0.01 を [　　　] こ、

0.001 を [　　　] こあわせた数です。

② 5.872 は、0.001 を [　　　] こ集めた数です。

④ 次の数を 10 倍、100 倍した数は何ですか。
また、10 や 100 でわった数は何ですか。

教科書 90ページ **6**

① 0.3　　　　　　　　　　　　② 7.25

　　10 倍した数 （　　　　　）　　　　10 倍した数 （　　　　　）

　100 倍した数 （　　　　　）　　　100 倍した数 （　　　　　）

　10 でわった数 （　　　　　）　　　10 でわった数 （　　　　　）

　100 でわった数 （　　　　　）　　100 でわった数 （　　　　　）

ヒント　④ 各位の数字は、10 倍するごとに位が 1 つずつ上がり、
10 でわるごとに位が 1 つずつ下がります。

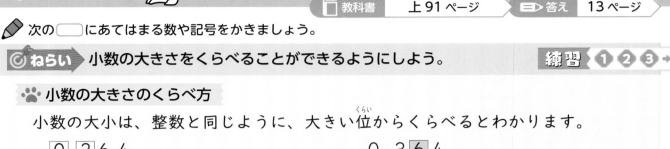

ぴったり1
じゅんび

6 小数

② 小数のしくみー(2)

学習日　　月　　日

教科書　上91ページ　　答え　13ページ

次の ▢ にあてはまる数や記号をかきましょう。

ねらい 小数の大きさをくらべることができるようにしよう。　　練習 ① ② ③ →

🐾 **小数の大きさのくらべ方**

小数の大小は、整数と同じように、大きい位からくらべるとわかります。

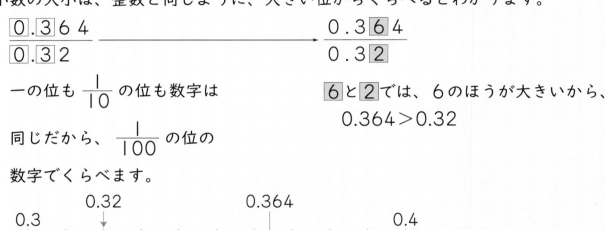

0.3 6 4
0.3 2

一の位も $\frac{1}{10}$ の位も数字は

同じだから、$\frac{1}{100}$ の位の

数字でくらべます。

0.3 6 4
0.3 2

6 と 2 では、6 のほうが大きいから、

0.364 ＞ 0.32

0.3　　0.32　　　　0.364　　　　　0.4

---

1 2.98 と 2.974 の大小をくらべ、不等号を使って式にかきましょう。

とき方 一の位の数字は、①▢ 、

$\frac{1}{10}$ の位の数字は、②▢ で同じだから、

③▢ の位の数字でくらべます。

8 と 7 では、8 のほうが大きいから、

2.98 ④▢ 2.974

2.9 8
2.9 7 4

---

2 下の数直線で、あ、い、うにあたる数をかきましょう。

あ　　　　　　　　　　い　　　　う

0　　　　　　　0.5　　　　　　1

とき方 数直線のいちばん小さい1目もりは ①▢ だから、

あは ②▢ 、いは ③▢ 、うは ④▢ です。

ぴったり ②
練習

★ できた問題には、「た」をかこう！★
でき ① でき ② でき ③

学習日
月　　　日

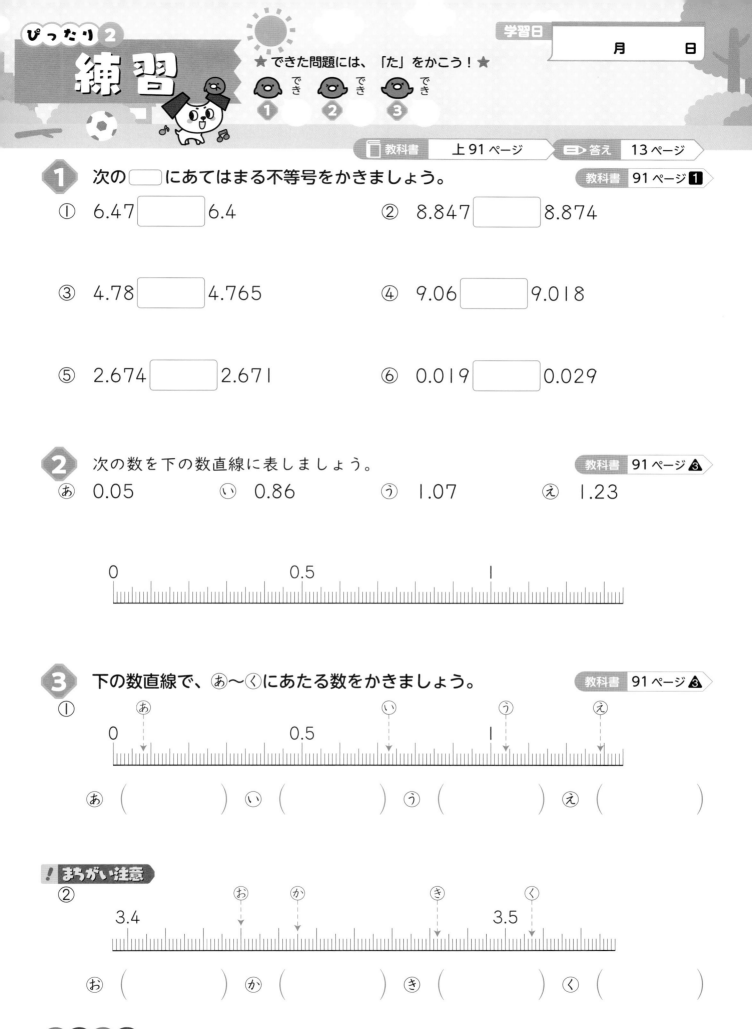

教科書　上 91 ページ　答え　13 ページ

1 次の □ にあてはまる不等号をかきましょう。
教科書 91 ページ **1**

① 6.47 ☐ 6.4

② 8.847 ☐ 8.874

③ 4.78 ☐ 4.765

④ 9.06 ☐ 9.018

⑤ 2.674 ☐ 2.671

⑥ 0.019 ☐ 0.029

2 次の数を下の数直線に表しましょう。
教科書 91 ページ ❸

ぁ 0.05　　　ぃ 0.86　　　ぅ 1.07　　　ぇ 1.23

0　　　　　　　0.5　　　　　　　1

3 下の数直線で、ぁ〜くにあたる数をかきましょう。
教科書 91 ページ ❸

①
ぁ　　　　　　　　　　ぃ　　　　う　　　　え
0　　　　　　　0.5　　　　　　　1

ぁ（　　　　　）　ぃ（　　　　　）　う（　　　　　）　え（　　　　　）

! まちがい注意

②
お　　　か　　　　　　き　　　く
3.4　　　　　　　　　　　　　　　3.5

お（　　　　　）　か（　　　　　）　き（　　　　　）　く（　　　　　）

ヒント　② 数直線のいちばん小さい１目もりは 0.01 です。

37

6 小 数

③ 小数のたし算・ひき算

教科書 上 92〜93 ページ　　答え 13 ページ

✏️ 次の▢にあてはまる数をかきましょう。

🎯 **ねらい** 小数のたし算ができるようにしよう。　　練習 **①③→**

🐾 **5.26＋2.13 の計算**

(1) 0.01 が何こかを考えます。
5.26 は 0.01 が 526 こ
2.13 は 0.01 が 213 こ
たすと、<u>0.01 が 739 こ</u>
↳7.39

(2) 位ごとに分けて考えます。
5.26 は 5 と 0.2 と 0.06
2.13 は 2 と 0.1 と 0.03
たすと、<u>7 と 0.3 と 0.09</u>
↳7.39

🐾 **筆算のしかた**

$$\begin{array}{r} 8.00 \\ +2.74 \\ \hline 10.74 \end{array}$$
←8.00と考える。

$$\begin{array}{r} 5.28 \\ +1.72 \\ \hline 7.00 \end{array}$$
→答えは7

筆算のときは
小数点が
たてにならぶね。

---

1 3.28＋6.35 を計算しましょう。

とき方 3.28 は 0.01 が ①▢ こ、6.35 は 0.01 が ②▢ こ
なので、たすと、0.01 が ③▢ こです。

$$\begin{array}{r} 3.28 \\ +6.35 \\ \hline \text{④} \end{array}$$

🎯 **ねらい** 小数のひき算ができるようにしよう。　　練習 **②③→**

🐾 **8.62－4.21 の計算**

(1) 0.01 が何こかを考えます。
8.62 は 0.01 が 862 こ
4.21 は 0.01 が 421 こ
ひくと、<u>0.01 が 441 こ</u>
↳4.41

(2) 位ごとに分けて考えます。
8.62 は 8 と 0.6 と 0.02
4.21 は 4 と 0.2 と 0.01
ひくと、<u>4 と 0.4 と 0.01</u>
↳4.41

🐾 **筆算のしかた**

$$\begin{array}{r} 7.25 \\ -6.93 \\ \hline 0.32 \end{array}$$
←0をかく。

$$\begin{array}{r} 9.36 \\ -0.30 \\ \hline 9.06 \end{array}$$
←0.30と考える。

$$\begin{array}{r} 6.00 \\ -2.62 \\ \hline 3.38 \end{array}$$
←6.00と考える。

---

2 次の計算をしましょう。

①
$$\begin{array}{r} 5.72 \\ -3.15 \\ \hline \end{array}$$

②
$$\begin{array}{r} 3.08 \\ -2.79 \\ \hline \end{array}$$

③
$$\begin{array}{r} 5 \\ -1.32 \\ \hline \end{array}$$

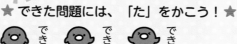

学習日　月　日

教科書　上 92〜93 ページ　答え　14 ページ

1　次の計算を筆算でしましょう。
教科書　92 ページ **1**、93 ページ **5**

① 7.35＋2.18　　② 5.06＋3.01　　③ 3＋2.74

④ 1.95＋7　　⑤ 2.75＋8.25　　⑥ 0.16＋9.84

2　次の計算を筆算でしましょう。
教科書　92 ページ **2**、93 ページ **5**

① 7.76－3.68　　② 5.03－0.86　　③ 2.85－1.89

④ 6.31－5.72　　⑤ 8.56－4.2　　⑥ 7－3.64

3　右の図を見て、次の問いに答えましょう。
教科書　92 ページ **1**、93 ページ **5**

① 東駅から北駅を通って、西駅に行くと、全体の道のりは、どれだけになりますか。

（　　　　　　　）

よくよんで
② 西駅から南駅を通って、東駅に行く道のりは、西駅から東駅に直せつ行く道のりより、どれだけ長いですか。

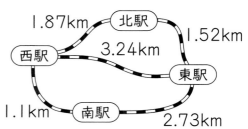

（　　　　　　　）

ヒント
1　③④　3は 3.00、7は 7.00 と考えましょう。
2　③④　答えの一の位が0になるときは、0.○○とかきましょう。

39

❻ 小 数

📖教科書　上 84〜95 ページ　▶答え　14 ページ

知識・技能　／70点

1 次のかさを、L を単位にして表しましょう。　(4点)

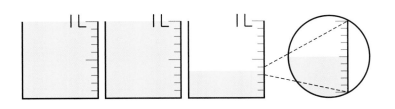

（　　　　　）

2 次の長さや重さを（　）の中の単位で表しましょう。　各4点(16点)

① 9.368 km （m）　　　　　② 306 cm （m）

（　　　　　）　　　　　　（　　　　　）

③ 3.52 kg （g）　　　　　④ 755 g （kg）

（　　　　　）　　　　　　（　　　　　）

3 よく出る 次の ☐ にあてはまる数をかきましょう。　全部できて　1問4点(12点)

① 1.28 は 0.01 を ☐ こ集めた数です。

② 0.01 を 356 こ集めた数は ☐ です。

③ 8.25 を 10 倍すると ☐ 、8.25 を 10 でわると ☐ です。

4 次の ☐ にあてはまる不等号をかきましょう。　各4点(8点)

① 8.124 ☐ 8.18　　　　　② 5.368 ☐ 5.367

5 次の数を下の数直線に表しましょう。　　　　　　各5点(10点)

　　ⓐ　1.34　　　　　　　　　ⓘ　1.96

```
      1              1.5              2
  |....|....|....|....|....|....|....|....|....|
```

6 よく出る 次の計算をしましょう。　　　　　　各5点(20点)

① 　3.46
　＋4.52

② 　7.29
　＋1.8

③ 　9.85
　－5.27

④ 　8
　－3.61

思考・判断・表現　　　　　　　　　　　　　／30点

7 　荷物ⓐ、ⓘ、ⓤをリフトにのせようとしています。

　　このリフトは 20 kg までのせることができます。

　　荷物ⓐの重さは 12.15 kg、ⓘの重さは 5.57 kg、ⓤの重さは 2.63 kg です。

式　各4点・答え　各3点(14点)

① 　荷物ⓐとⓘとⓤは、いっしょにリフトにのせることができますか。

　式

　　　　　　　　　　　　　答え（　　　　　　　　　　　　　　　）

② 　荷物ⓐとⓘでは、どちらがどれだけ重いですか。

　式

　　　　　　　　　　　　　答え（　　　　　　　　　　　　　　　）

できたらスゴイ！

8 　右の表は、小数を使ってつくったまほうじんです。

　　3つの数をたてにたしても、横にたしても、ななめに
たしても、同じ答えになるように①〜④にあてはまる数
をかきましょう。　　　　　各4点(16点)

①	0.17	0.86
0.79	②	0.31
③	④	0.48

　　① （　　　　　　　）　② （　　　　　　　）

　　③ （　　　　　　　）　④ （　　　　　　　）

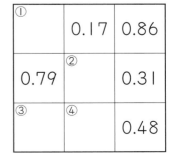

ふりかえり ❷ がわからないときは、34 ページの ❶ にもどってかくにんしてみよう。

ふろくの「計算せんもんドリル」 ⑩〜⑬ もやってみよう！

〈まとまりをつくって〉

1 次の □ にあてはまる数をかきましょう。

(1) 28＋56＋73＋98＋42 は、およそ何百ですか。

28 と ① □ で、およそ 100 と考えます。

56 と ② □ で、およそ 100 と考えます。

98 は、それだけでおよそ 100 と考えます。

③ □ が3つだから、28＋56＋73＋98＋42 は、およそ ④ □ です。

(2) 340＋180＋650＋800＋990 は、およそ何千ですか。

340 と ① □ で、およそ 1000 と考えます。

180 と ② □ で、およそ 1000 と考えます。

990 は、それだけでおよそ 1000 と考えます。

③ □ が3つだから、340＋180＋650＋800＋990 は、およそ ④ □ です。

2 ある花だんが、下のように花ごとに区切られています。
この花だんの面積の合計は、およそ何 m² ですか。

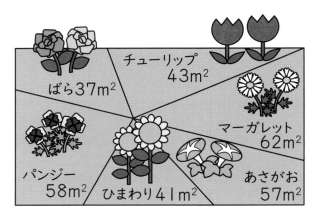

ばら37m²　チューリップ 43m²　マーガレット 62m²　パンジー 58m²　ひまわり41m²　あさがお 57m²

（　　　　　　　　）

❸ スーパーへ買い物に行きました。
買った品物のねだんは、右のとおりです。
ねだんの合計を見積もりましょう。

198円　75円　28円　145円

105円　52円　35円　62円

(　　　　　　　　　　　)

❹ 7この品物の重さをはかると、下のようでした。
品物の重さの合計は、およそ何kgですか。

813g　　304g　　175g　　510g　　682g　　466g　　956g

(　　　　　　　　　　　)

❺ 下の文ぼう具をいくつか選んで箱につめて、プレゼントにしようと思います。

（文ぼう具のねだん）

・えん筆　60円	・下じき　110円	・クリップ　20円
・はさみ　210円	・ボールペン　130円	・ノート　350円
・じょうぎ　150円	・のり　180円	・カード　50円

(1) いちかさんは、次のように選んでプレゼントにしました。
ねだんの合計がいくらになるか、およそ200円のまとまりをつくって見積もりましょう。

| えん筆　　はさみ　　じょうぎ　　ボールペン　　カード |

(　　　　　　　　　　　)

(2) プレゼントのねだんの合計を、およそ800円にするとき、どのような文ぼう具の組み合わせができますか。
1つの案をかきましょう。

(　　　　　　　　　　　)

43

ぴったり ① じゅんび

3分でまとめ

7 2けたでわるわり算の筆算

① 何十でわるわり算

学習日　　月　　日

教科書　上 102〜105 ページ　答え　15 ページ

✏ 次の ▢ にあてはまる数をかきましょう。

🎯ねらい　何十でわるわり算ができるようにしよう。　練習 ①➡

🐾 60÷20 の計算のしかた

10円玉を使って考えます。

10円玉の6こと2こをくらべて、商を**3**と見当をつけます。

20を**3**倍すると60になります。

だから、60÷20=**3**

6（こ）÷2（こ）

$$60÷20=3$$
$$↓$$
$$20×3=60$$

1 120÷60 の計算をしましょう。

とき方　120と60をそれぞれ10円玉の数で考えると、12こと6こだから、

120÷60 は、① ▢ ÷ ② ▢ で、商を ③ ▢ と見当をつけます。

だから、120÷60=④ ▢

🎯ねらい　あまりのある何十でわるわり算ができるようにしよう。　練習 ②➡

🐾 90÷20 の計算のしかた

10円玉を使って考えます。

10円玉の9こと2こをくらべて、商を**4**と見当をつけます。

20を**4**倍すると80になります。

10円玉が1こあまっているので、あまりは**10**になります。

だから、90÷20=**4**あまり**10**

9（こ）÷2（こ）

$$90÷20=4 あまり 10$$
$$↓　　↓　　　　↓$$
$$20×4　+　10=90$$

2 390÷70 の計算をしましょう。

とき方　10円玉の数で考えると、39こと7こをくらべて、商を ① ▢ と見当を

つけます。10円玉が4こあまっているので、あまりは ② ▢ になります。

390÷70=③ ▢ あまり ④ ▢

答えのたしかめは、70×⑤ ▢ ＋ ⑥ ▢ ＝ ⑦ ▢

　　　　　　　わる数　　商　　　　あまり　　　わられる数

教科書 　上 102〜105 ページ 　　答え 　15 ページ

1 次のわり算をしましょう。

教科書 103 ページ **1**・**3**

① 80÷20　　　② 90÷90　　　③ 140÷20

④ 180÷30　　　⑤ 150÷50　　　⑥ 240÷60

⑦ 280÷70　　　⑧ 720÷90　　　⑨ 480÷80

2 次の計算をして商とあまりを求めて、答えのたしかめもしましょう。

教科書 104 ページ **1**、105 ページ **3**

① 70÷20　　　　　　　　② 60÷40

たしかめ （　　　　　　　）　　　たしかめ （　　　　　　　）

③ 80÷30　　　　　　　　④ 90÷60

たしかめ （　　　　　　　）　　　たしかめ （　　　　　　　）

⑤ 160÷50　　　　　　　⑥ 280÷60

たしかめ （　　　　　　　）　　　たしかめ （　　　　　　　）

⑦ 610÷90　　　　　　　⑧ 540÷70

たしかめ （　　　　　　　）　　　たしかめ （　　　　　　　）

⑨ 390÷40　　　　　　　⑩ 700÷80

たしかめ （　　　　　　　）　　　たしかめ （　　　　　　　）

ヒント　**2** わる数×商＋あまり＝わられる数　で答えをたしかめます。

7 2けたでわるわり算の筆算
② 商が1けたになる筆算

✏️ 次の◯にあてはまる数をかきましょう。

◎ねらい 商が1けたになる筆算ができるようにしよう。 練習①→

🐾 72÷24 の筆算のしかた

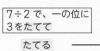

$72÷24$ を
↓
$70÷20$ とみて
↓
$7÷2$

十の位に　｜ 7÷2で、一の位に ｜ 24に3を ｜ 72をひいて
商はたたない。｜ 3をたてて ｜ かけて72 ｜ 0

たてる ⟶ かける ⟶ ひく

1 (1) 78÷26、(2) 260÷43 を筆算でしましょう。

とき方 (1) 　　(2)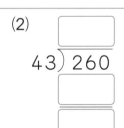

$260÷43$ を
↓
$260÷40$ とみて
↓
$26÷4$

◎ねらい 見当をつけた商をなおすことができるようにしよう。 練習②→

🐾 288÷48 の筆算のしかた

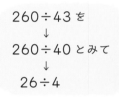 ⟶

見当をつけた商が
大きすぎたときは、
1小さい商をたてよう。

28÷4で、商を ｜ 48×7=336で ｜ 7より1小さい6を
7と見当をつける。｜ 大きすぎる。 ｜ 商とする。

2 (1) 288÷36、(2) 189÷27 を筆算でしましょう。

とき方 (1) 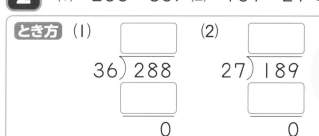　(2)

$$27\overline{)189} \rightarrow 27\overline{)189} \rightarrow 27\overline{)189}$$
　　243　　　　216　　　　189
　　　　　　　　　　　　　　　0
大きすぎる　　大きすぎる

★できた問題には、「た」をかこう！★

1 できた　2 できた

学習日　月　日

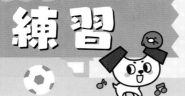

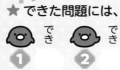

教科書 上106～109ページ　答え 16ページ

1 次のわり算をしましょう。

教科書 106ページ 1、107ページ 2、108ページ 5・6

① 21)63

② 12)48

③ 37)74

④ 21)168

⑤ 65)130

⑥ 43)301

⑦ 46)277

⑧ 83)184

⑨ 79)251

2 次のわり算をしましょう。

教科書 109ページ 1

① 27)81

② 59)493

③ 39)273

④ 48)283

⑤ 68)544

⑥ 19)116

ヒント

2 ⑥ 見当をつけた商が10や10より大きくなった場合は、まず、9を商にたてましょう。

⑦ 2けたでわるわり算の筆算

③ 商が2けた、3けたになる筆算

教科書　上110〜111ページ　　答え　16ページ

✏️ 次の ◯ にあてはまる数をかきましょう。

🎯 **ねらい** 商が2けたになる筆算ができるようにしよう。　　　練習 ➊→

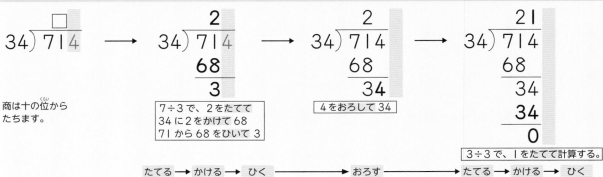

1 595÷24 を筆算でしましょう。

とき方

商は十の位から
たつよ。

```
   24)595
      48
     ───
     115
      96
     ───
      19
```

🎯 **ねらい** 商のたつ位をみつけられるようにしよう。　　　練習 ➋→

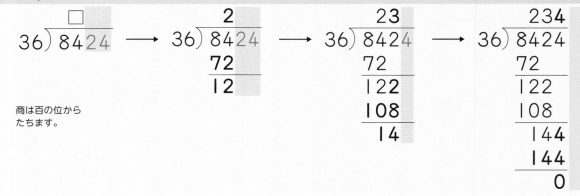

2 9855÷219 を筆算でしましょう。

とき方

商は十の位から
たつよ。

```
  219)9855
      876
     ────
     1095
     1095
     ────
        0
```

★できた問題には、「た」をかこう！★

1 でき　2 でき

学習日　月　日

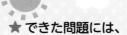

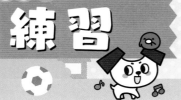

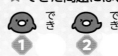

教科書 上110〜111ページ　答え 16ページ

1 次のわり算をしましょう。

教科書 110ページ 1・2

① 33)759

② 15)630

③ 47)709

④ 73)948

⑤ 26)523

⑥ 31)955

2 次のわり算をしましょう。

教科書 111ページ 5

① 18)7668

② 48)9536

③ 63)1953

④ 358)6086

⑤ 263)9994

⑥ 417)8759

ヒント

1 ⑤ 商の一の位には0がたちます。

2 ③ 商は十の位からたちます。

7 2けたでわるわり算の筆算

④ わり算のせいしつ

教科書　上113〜114ページ　答え　17ページ

✎ 次の◯にあてはまる数や記号をかきましょう。

🎯 **ねらい** わり算のせいしつを使って、計算できるようにしよう。　練習 ① ② ③ ④ →

🐾 **わり算のせいしつ**

わり算では、
わられる数とわる数に同じ数をかけても、
わられる数とわる数を同じ数でわっても、
商は変わりません。

$$36 \div 4$$
$$\times 10 \downarrow\uparrow \qquad \downarrow\uparrow \div 10$$
$$360 \div 40$$

1 右の◯の中で、90÷30 と商が同じになる式をすべて選びましょう。

とき方 90÷30 のわられる数とわる数に
10 をかけると、900÷①◯

90÷30 のわられる数とわる数を
10 でわると、9÷②◯

90÷30 のわられる数とわる数を
3 でわると、30÷③◯

だから、90÷30 と商が同じになる式は
④◯ と ⑤◯ と ⑥◯ です。

⑦ 900÷30
④ 900÷300
⑨ 90÷3
⑪ 9÷3
⑰ 30÷10

2 わり算のせいしつを使って、7500÷250 をくふうして計算しましょう。

とき方　7500 ÷ 250
　　　　↓÷10　　↓÷10
　　　①◯ ÷ ②◯
　　　　　　　答え ③◯

7500 ÷ 250
　↓÷10　　↓÷10
750 ÷ 25
　↓÷5　　↓÷5
④◯ ÷ ⑤◯　　答え ⑥◯

7500 ÷ 250
　↓÷10　　↓÷10
750 ÷ 25
　↓×4　　↓×4
⑦◯ ÷ ⑧◯　　答え ⑨◯

わり算の
せいしつを
使うと…

教科書 上113〜114ページ 答え 17ページ

1 わり算のせいしつを使って、3500÷50と商が同じになるわり算を2つつくりましょう。 教科書 113ページ **1**

(   )

(   )

2 次の㋐から㋕で、上の式と下の式の商が同じになるものをすべて選びましょう。 教科書 113ページ **1**

㋐ 100 ÷ 20
  1000÷200

㋑ 480÷80
  48 ÷ 8

㋒ 300÷20
  150÷ 2

㋓ 49 ÷ 7
  4900÷70

㋔ 250÷ 5
  500÷10

㋕ 540 ÷90
  5400÷ 9

(   )

3 わり算のせいしつを使って、次の計算をしましょう。 教科書 113ページ **2**

① 800÷400

② 5400÷600

③ 3000÷500

④ 6万÷2万

！まちがい注意

⑤ 63万÷7万

⑥ 56億÷8万

4 次のわり算をくふうして計算しましょう。 教科書 114ページ **1**

① 8500÷25

② 40000÷250

●ヒント● ❶ 3500と50をそれぞれ同じ数でわっても商は同じになります。
また、3500と50にそれぞれ同じ数をかけても商は同じになります。

51

ぴったり 3
たしかめのテスト

❼ 2けたでわるわり算の筆算

時間 **30** 分

／100

ごうかく **80** 点

教科書 上 102〜115 ページ　答え 18 ページ

知識・技能

／60点

1 商とあまりを求めて、答えのたしかめもしましょう。　全部できて　1問6点（12点）

①　120÷50

②　520÷70

たしかめ（　　　　　　　　　　　）

たしかめ（　　　　　　　　　　　）

2 よく出る 次のわり算をしましょう。

また、④から⑥は答えのたしかめもしましょう。　全部できて　1問4点（48点）

①
26)78

②
19)95

③
38)266

④
32)85

⑤
34)171

⑥
57)510

たしかめ
（　　　　　　　　）

たしかめ
（　　　　　　　　）

たしかめ
（　　　　　　　　）

⑦
39)936

⑧
18)648

⑨
33)999

⑩
12)3861

⑪
28)2752

⑫
125)6800

52

思考・判断・表現 　／40点

❸ **よく出る** えん筆が 152 本あります。

38 人に同じ数ずつ配ると、1 人分は何本になりますか。 　式・答え　各2点(4点)

式

答え （　　　　　　　　）

❹ あめが 420 こあります。

1 人に 15 こずつ配ると、何人に分けられますか。 　式・答え　各2点(4点)

式

答え （　　　　　　　　）

❺ 画用紙が 920 まいあります。

25 まいずつ束(たば)にすると、何束できて、何まいあまりますか。 　式・答え　各4点(8点)

式

答え （　　　　　　　　）

❻ **よく出る** 7000÷250 と商が同じになるわり算をつくります。

□にあてはまる数をかきましょう。 　各4点(12点)

① 70000÷□ 　　　② □÷25

③ □÷1000

できたらスゴイ!

❼ 525 億(おく)÷25 万をくふうして計算します。

□にあてはまる数をかきましょう。 　各4点(12点)

わられる数とわる数を 1 万でわると、□÷25

さらに、5 でわると、□÷5

だから、525 億÷25 万＝□

ふりかえり ❶がわからないときは、44 ページの❷にもどってかくにんしてみよう。

ふろくの『計算せんもんドリル』14〜19 もやってみよう!

⑧ 式と計算の順じょ

① **いろいろな計算がまじった式**
② **計算のきまり－(1)**

📖 教科書　上 116〜121 ページ　⇨ 答え　18 ページ

✏️ 次の　　にあてはまる数をかきましょう。

🎯 **ねらい** 　( )を使って、1つの式に表すことができるようにしよう。　練習 ① ② ➡

🐾 **( )を使った式**

いくつかの計算を( )を使って1つの式に
かくことができます。

( )がある式では、( )の中をひとまとま
りとみて、さきに計算します。

$$130+70=200$$
$$500-200=300$$
⬇
$$500-(130+70)=300$$
300　200

🎯 **ねらい** 　計算の順じょが正しくできるようにしよう。　練習 ③ ➡

🐾 **計算の順じょ**

⭐ふつう、左から順に計算します。

⭐( )があるときは、( )の中をさきに計算します。

⭐＋、－と×、÷とでは、**×、÷をさき**に計算します。

1 (1) $60-3×2$、(2) $60÷(3×2)$ を計算しましょう。

とき方 (1) 　　$60-3×2=60-\boxed{}=\boxed{}$
②　　ひき算とかけ算のまじった式では、かけ算をさきにします。

(2) 　$60÷(3×2)=60÷\boxed{}=\boxed{}$
②　①　　( )の中をさきに計算します。

①、②の順に
計算するよ。

🎯 **ねらい** 　計算のきまりがわかるようにしよう。　練習 ④ ➡

🐾 **( )を使った式のきまり**

$$(■+●)×▲=■×▲+●×▲ \qquad (■-●)×▲=■×▲-●×▲$$

🐾 **たし算やかけ算のきまり**

ⓐ$■+●=●+■$　　　　　　ⓘ$(■+●)+▲=■+(●+▲)$

ⓤ$■×●=●×■$　　　　　　ⓔ$(■×●)×▲=■×(●×▲)$

2 $(8+4)×3=8×\boxed{}+4×3$ の　　にあてはまる数をかきましょう。

とき方 $(■+●)×▲=■×▲+●×▲$で、■に8、●に4、▲に3をあてはめます。

$(8+4)×3=8×\boxed{}+4×3$

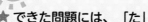

★ できた問題には、「た」をかこう！★

でき ① でき ② でき ③ でき ④

📖 教科書 上 116〜121 ページ　⏩ 答え 18 ページ

1 色紙が 300 まいあります。妹が 27 まい、姉が 43 まい使うと、何まいのこるかを考えます。

教科書 117ページ ▲

① （　）を使って、1つの式にかきましょう。

（　　　　　　　　　　　　）

② 何まいのこりますか。

（　　　　　　　　　　　　）

！まちがい注意

2 10 m で 700 円のリボンを半分の 5 m 買って、1000 円札を出すと、おつりは何円ですか。

1つの式にかいて求めましょう。

教科書 118ページ **4**

式

答え（　　　　　　　　　　）

3 次の計算をしましょう。

教科書 119ページ **1**・▲・▲

① $54 - 9 + 3$

② $54 - (9 + 3)$

③ $(54 + 9) \div 3$

④ $54 + 9 \div 3$

⑤ $54 \div (9 \div 3)$

⑥ $54 \div 9 \div 3$

⑦ $5 \times 9 - 6 \div 3$

⑧ $(5 \times 9 - 6) \div 3$

⑨ $5 \times (9 - 6 \div 3)$

4 次の □ にあてはまる数をかきましょう。

教科書 120ページ **1**

① $(8 + 4) \times 6 = \boxed{} \times 6 + \boxed{} \times 6$

② $(12 - 3) \times 4 = \boxed{} \times \boxed{} - 3 \times 4$

③ $12 + 8 = \boxed{} + 12$

④ $(7 \times 5) \times 2 = 7 \times (\boxed{} \times \boxed{})$

●ヒント ② 5 m の代金は 10 m の代金の半分になります。
$1000 - (700 \div 2)$ は（　）を省いてかきます。

55

⑧ 式と計算の順じょ
② **計算のきまりー(2)**
③ **式のよみ方**
④ **計算の間の関係**

教科書 上122～125ページ　　答え 19ページ

✎ 次の◯◯にあてはまる数をかきましょう。

◎**ねらい** 計算のきまりを使って、くふうして計算ができるようにしよう。　練習 ❶→

🐾 **計算のきまり**

ぁ ■＋●＝●＋■　　　　　　　　 ぃ （■＋●）＋▲＝■＋（●＋▲）

ぅ ■×●＝●×■　　　　　　　　 ぇ （■×●）×▲＝■×（●×▲）

ぉ （■＋●）×▲＝■×▲＋●×▲　 か （■－●）×▲＝■×▲－●×▲

1 くふうして、25×12 を計算しましょう。

とき方 25×4＝100 であることと、かけ算のきまりぇを使うと、

25×12＝25×（4×①□）＝（25×4）×②□

　　　　＝100×③□ ＝④□

◎**ねらい** どのように考えてつくった式か、説明できるようにしよう。　練習 ❷→

🐾 **式のよみ方**

図と式を結びつけて説明します。

$(3+2)×4$
たての　　4列
黒石と
白石の数

$3×4+2×4$
黒石の数　白石の数

◎**ねらい** たし算とひき算、かけ算とわり算の関係がわかるようにしよう。　練習 ❸❹→

🐾 **たし算とひき算の関係**

□＋9＝36　⟶　□＝36－9

□－9＝36　⟶　□＝36＋9

🐾 **かけ算とわり算の関係**

□×6＝12　⟶　□＝12÷6

□÷6＝12　⟶　□＝12×6

2 □にあてはまる数は、どんな計算で求められますか。

(1) □＋30＝60　　　　　　　　(2) □×8＝40

とき方 (1) □＝□－□　　(2) □＝□÷□

ぴったり2
練習

★できた問題には、「た」をかこう！★
でき 1　でき 2　でき 3　でき 4

学習日
月　　　日

教科書　上 122〜125 ページ　　答え　19 ページ

1 くふうして、次の計算をしましょう。　　教科書 122 ページ **1**、123 ページ **2**

① 56＋84＋16　　　　　　　　② 25×24

③ 106×15　　　　　　　　　④ 99×9

2 右の図の黒玉と白玉をあわせた数を、次の2つの式に
かきました。

　　⑦ 4×3＋4×4　　　⑦ (3＋4)×4

⑦、⑦の式にあう図は、下のあ、⑦のどちらですか。　　教科書 124 ページ **1**

⑦ (　　　　　)　　⑦ (　　　　　)

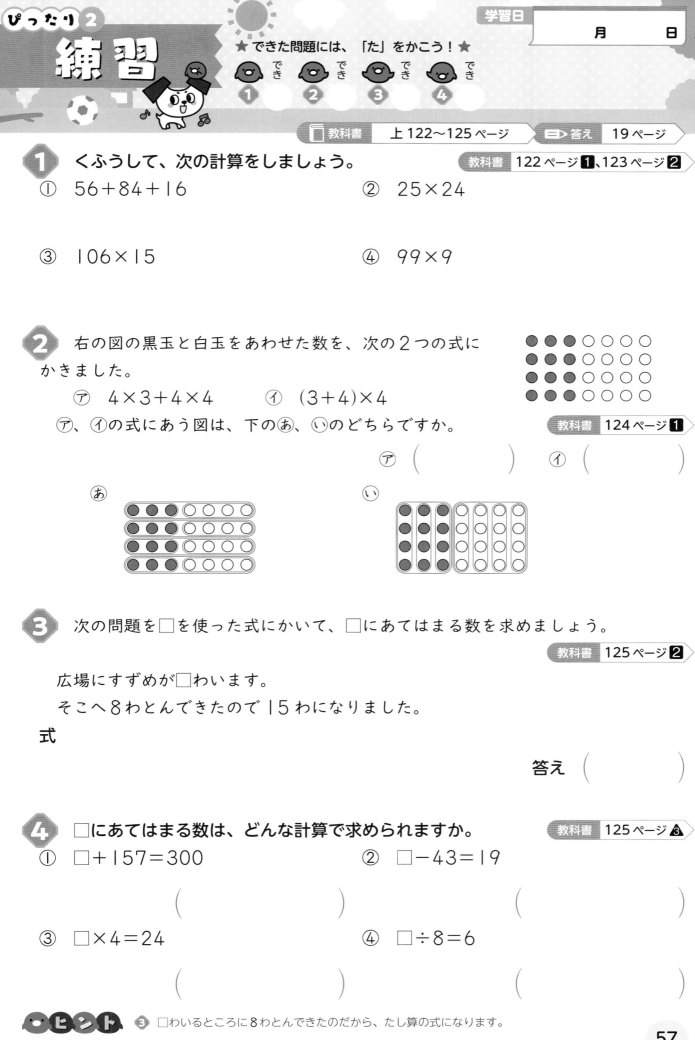

あ　　　　　　　　　　　　　　⑦

3 次の問題を□を使った式にかいて、□にあてはまる数を求めましょう。

教科書 125 ページ **2**

広場にすずめが□わいます。
そこへ8わとんできたので15わになりました。

式

　　　　　　　　　　　　　　　　答え (　　　　　)

4 □にあてはまる数は、どんな計算で求められますか。　　教科書 125 ページ **3**

① □＋157＝300　　　　　　② □－43＝19

　　(　　　　　　　)　　　　　　　(　　　　　　　)

③ □×4＝24　　　　　　　　④ □÷8＝6

　　(　　　　　　　)　　　　　　　(　　　　　　　)

ヒント　**3** □わいるところに8わとんできたのだから、たし算の式になります。

57

8 式と計算の順じょ

時間 **30**分

／100

ごうかく**80**点

教科書 上116～127ページ　答え 20ページ

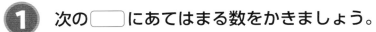

知識・技能　　　　　　　　　　　　　　　　　　　　　　　／70点

1 次の ◯ にあてはまる数をかきましょう。　　全部できて 1問5点(10点)

① $(87+36)+64=87+\left(\boxed{}+\boxed{}\right)$

② $37\times5+33\times5=\left(\boxed{}+33\right)\times5$

2 よく出る 次の計算をしましょう。　　各5点(20点)

① $52-32\div4$　　　　　② $48\div(24\div3)$

③ $18\times2-27\div9$　　　　④ $25-(20-16\div2)$

3 よく出る くふうして、次の計算をしましょう。　　各5点(20点)

① $35+23+65$　　　　② 25×88

③ 102×15　　　　④ 999×7

4 よく出る □にあてはまる数を求めましょう。また、求める式もかきましょう。
　　全部できて 1問5点(20点)

① $\square+15=83$　　　　② $\square\div8=80$

式 □＝　　　　　　　　式 □＝

答え（　　　　　）　　　　答え（　　　　　）

③ $\square-48=72$　　　　④ $\square\times4=60$

式 □＝　　　　　　　　式 □＝

答え（　　　　　）　　　　答え（　　　　　）

58

思考・判断・表現 　　　　　　　　　　　　　　　　　　　　　　　　　／30点

5 １箱に、チョコレートをたてに３こ、横に２こならべて入れます。
チョコレート１２０こでは、箱は何箱いりますか。
１つの式にかいて求めましょう。 　　　　　　　　　　　　式・答え　各3点(6点)

式

答え （　　　　　　　　）

6 次の問題を□を使った式にかいて、□にあてはまる数を求めましょう。
　　　　　　　　　　　　　　　　　　　　　　　　　　　　式・答え　各3点(6点)

あめが□こあります。１人に７こずつ配ったら、８人に配ることができました。

式

答え （　　　　　　　　）

7 右の図のようにならんだ◯の数を求めるのに、かずき
さんは、下のような２つの式を考えました。
　□にあてはまる数をかきましょう。
　　　　　　　　　　　　　　全部できて　1問5点(10点)

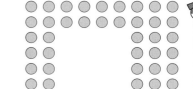

① 7× [　　] ＋3× [　　]
② 7× [　　] －4× [　　]

できたらスゴイ！

8 ３を４つと＋、－、×、÷や（　）を使って、答えが２、３になるようにします。
例のようにして式をつくりましょう。 　　　　　　　　　各4点(8点)
（例）（３ ＋ ３ － ３）÷ ３ ＝１
① 　３　　３　　３　　３ ＝２
② 　３　　３　　３　　３ ＝３

ふりかえり 🐼 　❶がわからないときは、54 ページの❷にもどってかくにんしてみよう。

ふろくの「計算せんもんドリル」20〜21 もやってみよう！

ぴったり① じゅんび

3分でまとめ

9 割 合

① 倍の見方－(1)

学習日　　月　　日

教科書 上128〜130ページ　答え 21ページ

✏ 次の □ にあてはまる数をかきましょう。

🎯ねらい 割合（わりあい）を求（もと）められるようにしよう。

練習 ① ② ③ →

🐾 割 合

　もとにする大きさの何倍にあたるかを表した数を、**割合**といいます。

　もとの体重が3kg、いまの体重が27kgのとき、いまの体重は**もとの体重の何倍**になっているかを考えると、3×□＝27より、27÷3＝9で、**9倍**になっています。

　割合を考えるときには、次のように表すこともあります。

　「3kgを1としたとき、27kgは9にあたる大きさ」

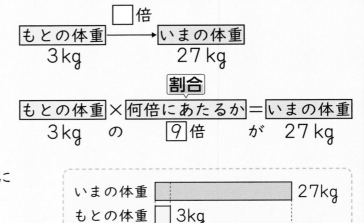

□倍
もとの体重 → いまの体重
3kg　　27kg

割合

もとの体重 × 何倍にあたるか ＝ いまの体重
3kg　 の　　 9 倍　　 が　 27kg

いまの体重 ⬛ 27kg
もとの体重 □ 3kg
0 1 2 3 4 5 6 7 8 9 （倍）

1 うまれたとき80kgだったゾウの体重が、いま400kgです。いまの体重は、うまれたときの体重の何倍ですか。

とき方 もとの体重の□倍がいまの体重だから、

80×□＝400

よって、 □ ÷80＝ □

答え □ 倍

□倍
もとの体重 → いまの体重
80kg　　400kg

2 右のむらさきのなすと白のなすでは、どちらのほうが成長したといえますか。

とき方 むらさきのなすは、5日前の長さの16÷8＝2で、2倍。

白のなすは、5日前の長さの12÷□＝□で、□倍。

だから、白のなすのほうが成長したといえます。

むらさきのなすと白のなすの長さ

	5日前の長さ	いまの長さ
むらさきのなす	8cm	16cm
白のなす	4cm	12cm

教科書 上 128〜130 ページ　　答え 21 ページ

① ともやさんのうまれたときの身長は 50 cm で、いまの身長は 150 cm です。
いまの身長は、うまれたときの身長の何倍ですか。
図と式にかいて、求めましょう。

教科書 129 ページ **1**

図　[　　　　　　] —□倍→ [　　　　　　]
　　（　　　　　）cm　　　　　（　　　　　）cm

式

答え（　　　　　　　　）

② 赤のリボンの長さは 60 cm、青のリボンの長さは 15 cm です。
赤のリボンの長さは、青のリボンの長さの何倍ですか。
図と式にかいて、求めましょう。

教科書 129 ページ **1**

図　[　　　　　　] —□倍→ [　　　　　　]
　　（　　　　　）cm　　　　　（　　　　　）cm

式

答え（　　　　　　　　）

③ 右の表を見て、次の問いに答えましょう。

教科書 130 ページ **②**

① イルカとクジラのいまの体長は、それぞれ、
もとの体長の何倍になっていますか。

イルカとクジラの体長

	もとの体長	いまの体長
イルカ	1 m	5 m
クジラ	4 m	8 m

イルカ（　　　　　　　）

クジラ（　　　　　　　）

② 割合でくらべると、イルカとクジラでは、どちらのほうが成長したと
いえますか。

（　　　　　　　　　）

ヒント **②** 図では、もとにする大きさを左にかきます。

① 倍の見方ー(2)

教科書　上131〜133ページ　　答え　21ページ

✏ 次の◯にあてはまる数をかきましょう。

◎ねらい　何倍かしたときの大きさを求められるようにしよう。　　練習 ①→

ある 20cm のゴムひもは、もとの長さの3倍にのびます。

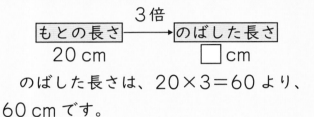

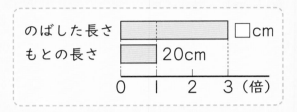

のばした長さは、20×3=60 より、
60cm です。

1 ある科学館の子ども料金は 200 円です。おとな料金は、子ども料金の4倍です。
おとな料金は何円ですか。

◎ねらい　もとにする大きさを求められるようにしよう。　　練習 ① ②→

Lサイズの重さは 400g で、Mサイズの2倍になっています。

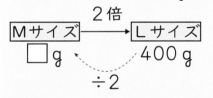

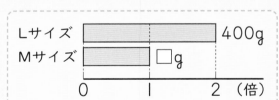

Mサイズの重さは、□×2=400 より、
400÷2=200 で、200g です。

2 Lサイズの重さは 400g で、Sサイズの5倍になっています。Sサイズの重さ
は何g ですか。

教科書　上 131〜133 ページ　　答え　21 ページ

1 次の中で、のばしたときにいちばん長くなるのはどれですか。

教科書　131 ページ ❸・❹

ⓐ　もとの長さが 10 cm で、4倍にのびるゴムひも

ⓘ　もとの長さが 20 cm で、3倍にのびるゴムひも

ⓤ　もとの長さが 25 cm で、2倍にのびるゴムひも

（　　　　　　　）

📖 よくよんで

2　大、中、小の3つのサイズのおにぎりがあります。
中サイズの重さ 120 g の2倍が大サイズの重さです。
また、小サイズの重さの3倍が大サイズの重さです。
図と式にかいて、次の重さを求めましょう。

教科書　131 ページ ❸、132 ページ ❺

①　大サイズの重さは何 g ですか。

図

式

答え（　　　　　　　）

②　小サイズの重さは何 g ですか。

図

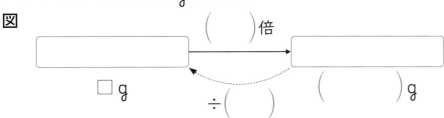

式

答え（　　　　　　　）

😊 ヒント　❷ わからない量を□gとして、図に表します。

ぴったり1 じゅんび

⑨ 割合

② 何倍になるかを考えて

📖 教科書　上 134〜135 ページ　▶答え　21 ページ

✏️ 次の□にあてはまる数をかきましょう。

🎯 ねらい　何倍になるかを考えて、わからない量を求められるようにしよう。　練習 ①②→

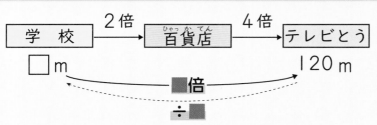

上の図で、テレビとうの高さが学校の高さの

何倍になるかを考えると、2×4＝**8（倍）**

だから、学校の高さは、120÷**8**＝15（m）

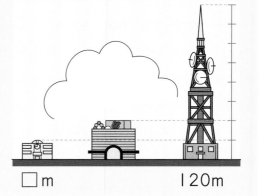
□m　　　120m

1 テレビとうにいる人は 600 人で、これは百貨店にいる人の2倍です。

百貨店にいる人は、学校にいる人の3倍です。学校にいる人は何人ですか。

(1) 百貨店にいる人数から順に求めましょう。

(2) テレビとうにいる人数が学校の人数の何倍かを考えてから、

学校の人数を求めましょう。

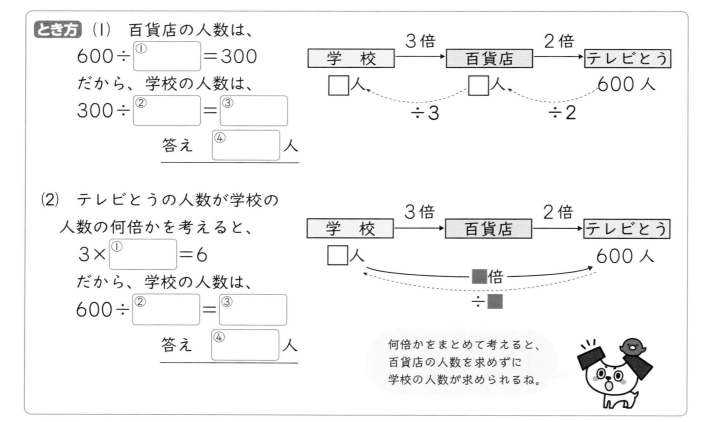

とき方 (1) 百貨店の人数は、

600÷①□＝300

だから、学校の人数は、

300÷②□＝③□

答え ④□人

(2) テレビとうの人数が学校の

人数の何倍かを考えると、

3×①□＝6

だから、学校の人数は、

600÷②□＝③□

答え ④□人

何倍かをまとめて考えると、
百貨店の人数を求めずに
学校の人数が求められるね。

教科書　上 134〜135 ページ　　答え　22 ページ

1　大、中、小の箱にみかんがはいっています。
大箱のみかんの数は 135 こで、これは中箱の 3 倍です。
中箱のみかんの数は、小箱の 5 倍です。
小箱のみかんの数は何こですか。

教科書　134 ページ **1**

① 順に考える図をかきます。

　　　にあてはまることばをかき、（　）にあてはまる数をかきましょう。

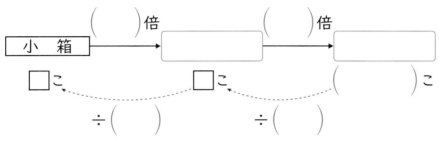

② 中箱のみかんの数から順に求めましょう。

式

答え（　　　　　　　　　）

2　メロンのねだんは 1600 円で、これはりんごのねだんの 5 倍です。
りんごのねだんは、オレンジのねだんの 2 倍です。
オレンジのねだんは何円ですか。

教科書　135 ページ **1**

① 何倍かをまとめて考える図をかきます。

　　　にあてはまることばをかき、（　）にあてはまる数をかきましょう。

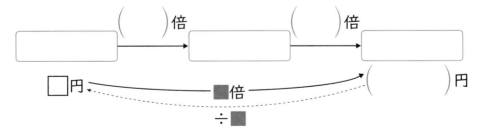

② メロンのねだんがオレンジのねだんの何倍かを考えてから、
オレンジのねだんを求めましょう。

式

答え（　　　　　　　　　）

ヒント　**2** ①　3つのくだものをどの順にならべればよいかに注意しましょう。

❾ 割 合

時間 **30**分

／100

ごうかく**80**点

教科書　上 128〜135 ページ　　答え　22 ページ

知識・技能　　　　　　　　　　　　　　　　　　／10点

① 次の◯◯にあてはまることばや数をかきましょう。　　各5点(10点)

①　もとにする大きさの何倍にあたるかを表した数を［　　　　］といいます。

②　「4mの3倍が12m」というのは、

「4mを1としたとき、12mが［　　　　］にあたる大きさ」と

いいかえることができます。

思考・判断・表現　　　　　　　　　　　　　　　　／90点

② サッカークラブの定員は23人で、サッカークラブの希望者は92人です。
サッカークラブの希望者は、定員の何倍ですか。　　式・答え　各6点(12点)

式

答え（　　　　　　　）

③ よく出る 野菜がねあがりしています。
ある店で、トマトとピーマンのねだんを
右のようにねあげしました。
　　　　　　　　　　式・答え　各6点(18点)

①　トマトについて、いまのねだんは、
もとのねだんの何倍ですか。

式

トマトとピーマンのねだん

	もとの ねだん	いまの ねだん
トマト	80 円	160 円
ピーマン	20 円	100 円

答え（　　　　　　　）

②　割合でくらべると、トマトとピーマンでは、どちらのほうがねあがりしたといえますか。

（　　　　　　　）

4 よく出る 東小学校の児童の数は270人です。

西小学校の児童の数は、東小学校の児童の数の3倍です。

西小学校の児童の数は何人ですか。　　式・答え　各6点(12点)

式

答え（　　　　　）

5 よく出る 赤のリボンと白のリボンがあります。

赤のリボンの長さは、白のリボンの長さの4倍で、140cmです。

白のリボンの長さは何cmですか。　　式・答え　各6点(12点)

式

答え（　　　　　）

6 ノート、教科書、問題集があります。

問題集の重さは960gで、教科書の3倍、ノートの6倍です。　式・答え　各6点(24点)

① 教科書の重さは何gですか。

式

答え（　　　　　）

② ノートの重さは何gですか。

式

答え（　　　　　）

できたらスゴイ！

7 やかん、バケツ、水そうに水がはいっています。

水そうの水の量は9Lです。

バケツの水の量は、水そうの水の量の半分で、やかんの水の量の5倍です。

やかんの水の量は何Lですか。

水そうの水の量がやかんの水の量の何倍になるかを考えてから求めましょう。　式・答え　各6点(12点)

式

答え（　　　　　）

ふりかえり ❷がわからないときは、60ページの❶にもどってかくにんしてみよう。

そろばん

教科書 上 136〜137 ページ　答え 22 ページ

✏ 次の◯にあてはまる数をかきましょう。

🎯 ねらい　そろばんを使って、小数のたし算やひき算ができるようにしよう。　練習 ①→

🐾 そろばんのよみ方

定位点のあるけたを一の位とし、その右へ順に

$\frac{1}{10}$ の位、$\frac{1}{100}$ の位、……とします。

上の位から計算します。

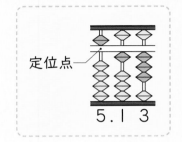

定位点

5.13

1 3.36＋2.34 の計算をそろばんでしましょう。

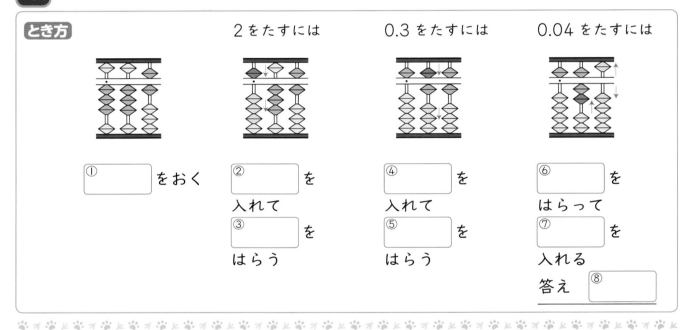

とき方　　　　　　2をたすには　　　0.3をたすには　　　0.04をたすには

①◯ をおく　　②◯ を
入れて
③◯ を
はらう

④◯ を
入れて
⑤◯ を
はらう

⑥◯ を
はらって
⑦◯ を
入れる

答え ⑧◯

🐾オと🐾オと🐾オと🐾オと🐾オと🐾オと🐾オと🐾オと🐾オと🐾オと🐾オと

1 次の計算をしましょう。　　　　　　　　　　　教科書 136 ページ ❷

① 5.27＋3.15　　　　　② 8.03＋4.29

③ 2.36−0.18　　　　　④ 7.52−4.67

2 次の計算をしましょう。　　　　　　　　　　　教科書 137 ページ ❹

① 53 兆＋39 兆　　　　② 76 億−58 億

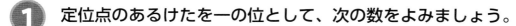

そろばん

教科書 上 136〜137 ページ　　答え 23 ページ

知識・技能　　　　　　　　　　　　　　　　　　　　／100点

 1 定位点のあるけたを一の位として、次の数をよみましょう。　各10点(20点)

①

②

（　　　　　　　　　）　　　　　　　　　（　　　　　　　　　）

2 次の計算をしましょう。　　　　　　　　　　　　　　　各8点(48点)

① 2.67＋5.21

② 8.14＋5.86

③ 6.51−2.85

④ 9.87−5.39

⑤ 18 億＋59 億

⑥ 87 兆−58 兆

3 ひく印のあるものはひいて、印のないものはたして計算しましょう。　各8点(32点)

①　　 2 5
　　　 4 3
　　−3 8
　　　 7 4
　　−1 9

②　　 7.5
　　−2.8
　　　 4.6
　　−5.7
　　　 6.5

③　　 1.9 2
　　　 5.7 9
　　−3.1 4
　　−0.2 8

④　　 8.2 3
　　　 7.8 8
　　−1.2 5
　　　 5.6 6

69

⑩ 面 積
① 面 積
② 面積の求め方のくふう

📖教科書　下2〜9ページ　　⇒答え　23ページ

✏️ 次の□にあてはまる数をかきましょう。

◎ねらい　広さの表し方や求め方がわかるようにしよう。　　練習 ①②③→

広さのことを**面積**といいます。
１辺が１cm の正方形の面積を１cm²（１平方センチメートル）といいます。
cm² は面積の単位です。

🐾面積の公式　　長方形の面積＝たて×横　（横×たて）
　　　　　　　　正方形の面積＝１辺×１辺

1 右の⑦、①の面積は、それぞれ何 cm² ですか。

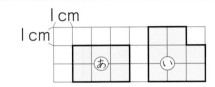

とき方　⑦の面積は１cm² の正方形が ①□ こ分で、②□ cm² です。

①の面積は１cm² の正方形が ③□ こ分で、④□ cm² です。

◎ねらい　くふうして面積が求められるようにしよう。　　練習 ④→

🐾長方形や正方形を組み合わせた図形の面積の求め方
(1)　**たてに線**をひいて、正方形⑦と長方形①に分ける。
(2)　**横に線**をひいて、２つの長方形⑦と①に分ける。
(3)　形をつぎたして、大きい長方形から小さい長方形
　　⑦を切り取ったと考える。

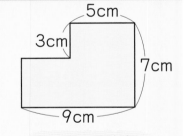

(1)〜(3)のどの方法で
面積を求めても、
答えは同じになるよ。

(1)　　　　　　　(2)　　　　　　　(3)

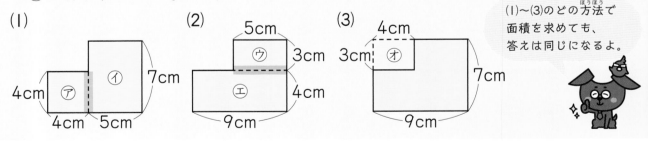

2 上の図形の面積を(3)の方法で求めましょう。

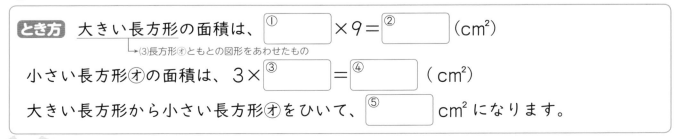

とき方　大きい長方形の面積は、①□ ×9＝②□（cm²）
　　　　　→(3)長方形⑦ともとの図形をあわせたもの

小さい長方形⑦の面積は、3×③□ ＝④□（cm²）

大きい長方形から小さい長方形⑦をひいて、⑤□ cm² になります。

ぴったり2
練習

★ できた問題には、「た」をかこう！★
でき 1　でき 2　でき 3　でき 4

学習日
月　　　日

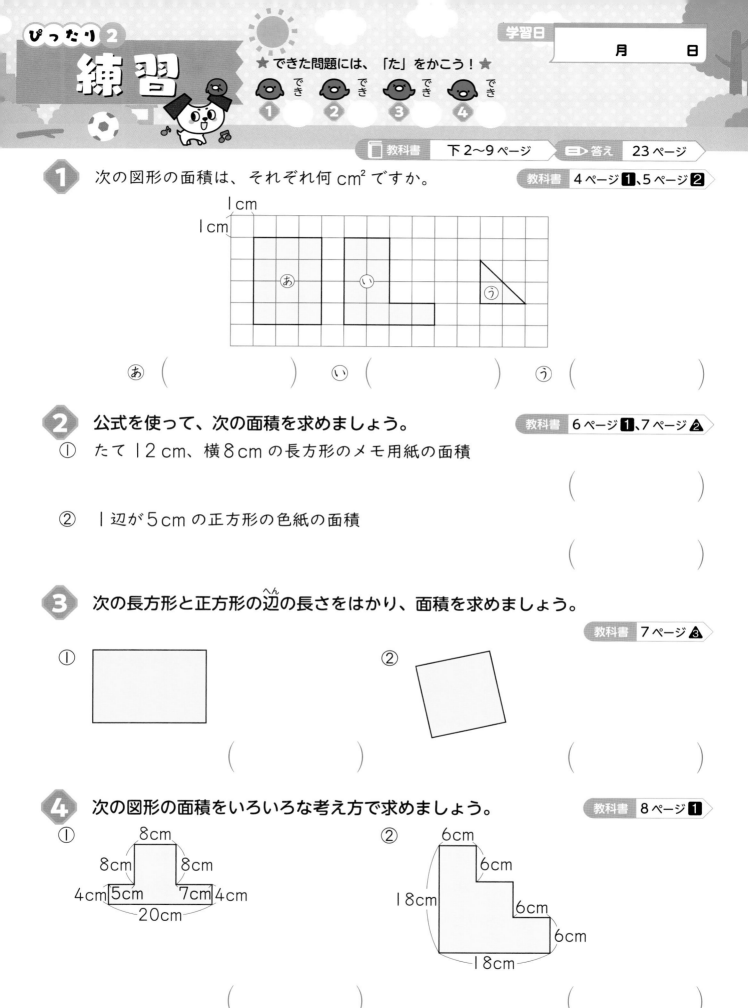

教科書　下2〜9ページ　　答え　23ページ

1 次の図形の面積は、それぞれ何 cm² ですか。　教科書　4ページ **1**、5ページ **2**

1cm
1cm

あ　（　　　　　　　　）　い　（　　　　　　　　）　う　（　　　　　　　　）

2 公式を使って、次の面積を求めましょう。　教科書　6ページ **1**、7ページ **2**

① たて 12cm、横8cm の長方形のメモ用紙の面積

（　　　　　　　　）

② 1辺が5cm の正方形の色紙の面積

（　　　　　　　　）

3 次の長方形と正方形の辺の長さをはかり、面積を求めましょう。
教科書　7ページ **3**

①

②

（　　　　　　　　）　　　　　（　　　　　　　　）

4 次の図形の面積をいろいろな考え方で求めましょう。　教科書　8ページ **1**

①
8cm
8cm　　8cm
4cm 5cm　　7cm 4cm
20cm

②
6cm
6cm
18cm
6cm
6cm
18cm

（　　　　　　　　）　　　　　（　　　　　　　　）

ヒント　**4** ① 長方形と正方形に分けたり、長方形をつぎたしたりして考えましょう。

ぴったり1 じゅんび

10 面積
③ 大きな面積
④ 面積の単位の関係

学習日　月　日

教科書 下10〜15ページ　答え 24ページ

✏ 次の◯にあてはまる数をかきましょう。

◎ねらい 長さの単位が m や km のときの面積を表せるようにしよう。　練習 ❶❷❸→

1辺が1mの正方形の面積を
1m²(1平方メートル)といいます。
1辺が1kmの正方形の面積を
1km²(1平方キロメートル)といいます。

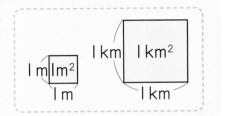

1 1辺が5mの正方形の花だんの面積を求めましょう。

とき方　① ◻ × ② ◻ = ③ ◻　　答え ④ ◻ m²

2 東西8km、南北6kmの長方形の形をした土地の面積を求めましょう。

とき方　① ◻ ×8= ② ◻　　答え ③ ◻ km²

◎ねらい 1アールや1ヘクタールの単位を知り、使えるようにしよう。　練習 ❹→

水田や畑のような土地の面積は、1辺が10mや100mの正方形の面積を単位にして表すことがあります。

1辺が10mの正方形の面積…1a(1アール)
1辺が100mの正方形の面積
　　　　…1ha(1ヘクタール)

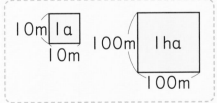

3 1aは何m²ですか。また、1haは何m²ですか。

とき方　1a=(① ◻ × ② ◻)m²= ③ ◻ m²
　1ha=(④ ◻ × ⑤ ◻)m²= ⑥ ◻ m²

4 たて40m、横60mの長方形の形をした水田の面積は何aですか。

とき方　右の図のように、1aの正方形がたてに ① ◻ こ、

横に ② ◻ こならぶから、

③ ◻ × ④ ◻ = ⑤ ◻　　答え ⑥ ◻ a

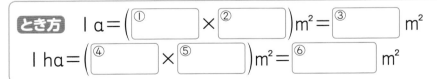
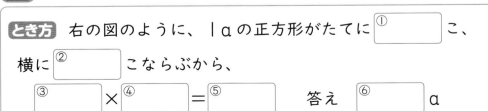

ぴったり2
練習

★できた問題には、「た」をかこう！★
でき ① でき ② でき ③ でき ④

学習日
月　　　日

教科書　下10〜15ページ　答え　24ページ

1 次の面積は何 m² ですか。　　　　教科書　10ページ **1**、11ページ **3**

① たて8m、横5m の長方形のすな場の面積

（　　　　　　　　）

② たて300cm、横6m の長方形の花だんの面積

（　　　　　　　　）

③ 1辺が400cm の正方形の池の面積

（　　　　　　　　）

2 次の面積を求めましょう。　　　　教科書　13ページ **1**

① 1辺が8km の正方形の形をした土地の面積

（　　　　　　　　）

② 東西7km、南北11km の長方形の形をした土地の面積

（　　　　　　　　）

3 次の □ にあてはまる数をかきましょう。

教科書　11ページ **4**、13ページ **2**、14ページ **1**

① 1m²＝ □ cm²　　　　② 1km²＝ □ m²

③ 1a＝ □ m²　　　　④ 1ha＝ □ m²

4 次の □ にあてはまる数をかきましょう。　　教科書　14ページ **1**

① 1辺が50m の正方形の形をした運動場の面積は、 □ a です。

② たて300m、横700m の長方形の形をした畑の面積は、 □ ha です。

ヒント　④ ① 50m は 10m×5 だから、1辺が 10m の正方形がたてに5こ、横に5こ
ならびます。

ぴったり❸ たしかめのテスト

❿ 面 積

時間 30 分

／100

ごうかく 80 点

教科書 下2〜17ページ   答え 24ページ

知識・技能 ／55点

① よく出る 次の □ にあてはまる数をかきましょう。   各5点(20点)

① 3 m² = □ cm²

② 2000000 m² = □ km²

③ 800 m² = □ a

④ 5 ha = □ m²

② よく出る 次の面積を（ ）の単位で求めましょう。   各5点(25点)

① 1辺が18 cm の正方形の折り紙の面積 （cm²）

（ ）

② たて5 m、横9 m の長方形の花だんの面積 （m²）

（ ）

③ はば50 cm、長さ4 m の長方形の板の面積 （m²）

（ ）

④ 東西6 km、南北2 km の長方形の形をした村の面積 （km²）

（ ）

⑤ たて60 m、横70 m の長方形の形をしたとうもろこし畑の面積 （a）

（ ）

③ 次の図形の面積を求めましょう。   各5点(10点)

①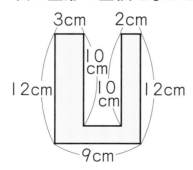

②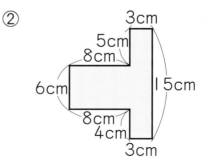

（ ）

（ ）

思考・判断・表現　　　　　　　　　　　　　　　　　　　　　　　／45点

4 右の①、②の図形の面積は、それぞれ何 cm² ですか。　　各5点(10点)

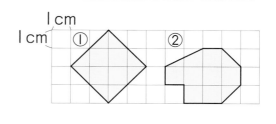

①　（　　　　　　　　）

②　（　　　　　　　　）

5 次の図で、色をぬった部分の面積を求めましょう。　　各5点(10点)

①

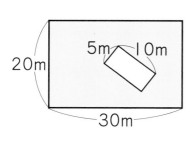

②

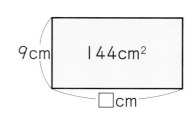

（　　　　　　　　）　　　　　　　（　　　　　　　　）

6 面積が 144 cm² の長方形をかこうと思います。たての長さを 9 cm にすると、横の長さは何 cm になりますか。　　(5点)

（　　　　　　　　）

7 ある市では、たて 1 km、横 2 km の長方形の形をした土地に遊園地をつくる計画を立てています。この土地には、15 万 m² の池があります。
　池をのぞいたこの土地の面積は、何 m² ですか。　　(5点)

（　　　　　　　　）

8 次の①、②、③の面積にいちばん近いのは、あ、い、うのどれですか。　　各5点(15点)

　　あ　8500 km²　　　い　8000 cm²　　　う　8000 m²

①　運動場の面積　　　　②　テーブルの面積　　　③　広島県の面積

（　　　　　）　　　　　　（　　　　　）　　　　　　（　　　　　）

ふりかえり　　❷①がわからないときは、70 ページの **1** にもどってかくにんしてみよう。

ぴったり① **じゅんび**

3分でまとめ

11 がい数とその計算

① **がい数の表し方**

学習日　　月　　日

教科書　下 18〜23 ページ　答え　25 ページ

✐ 次の □ にあてはまる数やことばをかきましょう。

◎ねらい 四捨五入して、ある位までのがい数で表せるようにしよう。　練習 ❶ ❷ ❸ →

🐾 四捨五入のしかた

１つの数を、ある位までのがい数で表すには、そのすぐ下の位の数字が、
　→およその数のこと

　0、1、2、3、4のときは**切り捨て**ます。

　5、6、7、8、9のときは**切り上げ**ます。

　このしかたを**四捨五入**といいます。

切り捨て	切り上げ
2 3 4 1	2 8 6 7
↓	↓
2 0 0 0	3 0 0 0

🐾 上から１けたや２けたのがい数の表し方

上から１けたのがい数にするときは、上から２つ目の位を四捨五入します。
　→上から２けたのがい数のときは、上から３つ目の位

上から１けた	上から２けた
7 4 5 8 6	7 4 5 8 6
↓4だから、切り捨て	↓5だから、切り上げ
7 0 0 0 0	7 5 0 0 0

1 (1)　394528 を四捨五入で、一万の位までのがい数にしましょう。

(2)　90506 を四捨五入で、上から２けたのがい数にしましょう。

とき方 (1)　一万の位までのがい数にするには、千の位を四捨五入します。

　千の位の数字が □ だから、切り □ て

　□ とします。

3 9 4 5 2 8
↓切り捨て
3 9 0 0 0 0

(2)　上から３けた目の数字が □ だから、切り □ て

　□ とします。

◎ねらい 四捨五入する前の、もとの数のはんいがわかるようにしよう。　練習 ❹ →

🐾 はんいを表すことば

以上…200 以上とは、200 に等しいか、それより大きい数

未満…200 未満とは、200 より小さい数（200 ははいらない）

以下…200 以下とは、200 に等しいか、それより小さい数

教科書　下18〜23ページ　答え　25ページ

1 四捨五入で、千の位までのがい数にしましょう。　教科書 20ページ ②

① 1928　　　　② 10285　　　　③ 9706

(　　　　　)　　(　　　　　)　　(　　　　　)

2 四捨五入で、上から1けたのがい数にしましょう。　教科書 21ページ ❸

① 3290　　　　② 17304　　　　③ 760482

(　　　　　)　　(　　　　　)　　(　　　　　)

3 四捨五入で、上から2けたのがい数にしましょう。　教科書 21ページ ④

① 90521　　　　② 85493　　　　③ 897620

(　　　　　)　　(　　　　　)　　(　　　　　)

4 四捨五入で、百の位までのがい数にしたとき、700になる整数のはんいを、以上、未満、以下を使って表しましょう。　教科書 22ページ ❶

(　　　以上　　　　以下　)

(　　　以上　　　　未満　)

5 世界の川の長さを調べました。　教科書 23ページ ❶

① 川の長さは、それぞれ約何千kmといえますか。

黄河（こうが）　　　　5464 km　　(　　　　　)

ミシシッピ川　3779 km　　(　　　　　)

ナイル川　　　6695 km　　(　　　　　)

インダス川　　3180 km　　(　　　　　)

② 川の長さをぼうグラフに表しましょう。

(km)　川の長さ
8000
6000
4000
2000
0
黄河　ミシシッピ川　ナイル川　インダス川

ヒント　④ 5以上とは、5に等しいか、それより大きい数。5以下とは、5に等しいか、それより小さい数。5未満とは、5より小さい数（5ははいらない）をいいます。

教科書 下 24〜26 ページ　答え 26 ページ

次の◯にあてはまる数をかきましょう。

🎯 **ねらい** がい数を使って、和や差を求めることができるようにしよう。　　練習 **1** **2** →

🐾 **がい数で和や差を求める**

それぞれの数を、求めようと思う位までのがい数にしてから計算します。

がい数についての計算を**がい算**といいます。

　↳答えには「約」をつけます。

1 テレビとテレビ台が売られています。

(1) 代金は約何万何千円といえますか。

(2) テレビとテレビ台のねだんのちがいは
約何万何千円といえますか。

　54980円

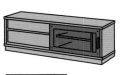　32450円

とき方 テレビとテレビ台のねだんを、千の位までのがい数にしてから計算します。

テレビのねだん 54980 円を千の位までのがい数にすると、◯① 円です。

テレビ台のねだん 32450 円を千の位までのがい数にすると、◯② 円です。

(1) 2 つのねだんの和をがい算で求めると、

◯① ＋ ◯② ＝ ◯③ 　　　答え　約 ◯④ 円

(2) 2 つのねだんの差をがい算で求めると、

◯① － ◯② ＝ ◯③ 　　　答え　約 ◯④ 円

🎯 **ねらい** 積の見積もりができるようにしよう。　　練習 **3** **4** →

🐾 **ふくざつなかけ算の積の見積もり**

ふつう、かけられる数もかける数も上から
1 けたのがい数にしてから計算します。

318×295
↓　　↓
300×300＝90000

2 1 こ 285 円のぬいぐるみを 532 こ仕入れようとしています。

仕入れねは全部で約何円になりますか。

上から 1 けたのがい数にして見積もりましょう。

とき方 285 を上から 1 けたのがい数にすると、◯① 、

532 を上から 1 けたのがい数にすると、◯② です。これらの積は、

◯③ ×◯④ ＝◯⑤ 　　　答え　約 ◯⑥ 円

ぴったり 2
練習

★ できた問題には、「た」をかこう！★
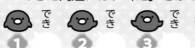
でき ① でき ② でき ③ でき ④

学習日　　月　　日

📖 教科書 下 24〜26 ページ　🔲 答え 26 ページ

1 右の表は、東市と西市の人口です。　　　教科書 24 ページ **1**

① 東市と西市の人口は、あわせて約何万何千人といえますか。

（　　　　　　　　　　）

東市	90281 人
西市	75834 人

② 東市と西市の人口のちがいは、約何万何千人といえますか。

（　　　　　　　　　　）

2 次の計算の答えを、千の位までのがい数で求めましょう。　　教科書 25 ページ ▲

① 95723＋60244　　　　　　② 53248＋4672

③ 39859－28761　　　　　　④ 13340－2952

3 かけ算の積を見積もるのに、かけられる数もかける数も上から1けたのがい数にしてから計算します。

　　□にあてはまる数をかいて、答えも求めましょう。　　教科書 26 ページ **1**

① 218 × 385

□ × □

（　　　　　　　　　　）

② 3675 × 521

□ × □

（　　　　　　　　　　）

4 あるスーパーで、1こ198円のおかしが2154こ売れました。
このおかしの売り上げは、約何円になりますか。
上から1けたのがい数にして見積もりましょう。　　教科書 26 ページ **1**

（　　　　　　　　　　）

ヒント ● 90281 人を 90000 人、75834 人を 76000 人としてがい算をします。

79

ぴったり **1**
じゅんび

11 がい数とその計算

② **がい数の計算ー(2)**

学習日 　月　　日

教科書 下 27〜28 ページ　答え 26 ページ

✎ 次の ◯ にあてはまる数やことばをかきましょう。

🎯 ねらい　商の見積もりができるようにしよう。　練習 ① ② →

🐾 ふくざつなわり算の商の見積もり

　ふつう、**わられる数を上から2けた**、

わる数を上から1けたのがい数にしてから

計算し、商は上から1けただけ求めます。

$$482485 \div 617$$
$$\downarrow$$
$$480000 \div 600 = 800$$

1　　おかしが316こあり、全部の重さをはかったら17696gでした。

おかし1この重さは約何gになりますか。

わられる数を上から2けた、わる数を上から1けたのがい数にして見積もりま

しょう。

とき方　17696を上から2けたのがい数 ◯① 　　　　、316を上から1けたのがい数

◯② 　　　　にしてから計算します。

◯③ 　　　　 ÷ ◯④ 　　　　 = ◯⑤ 　　　　　　　　　　　　答え　約 ◯⑥ 　　　　 g

🎯 ねらい　買えるかどうかがわかる見積もりをできるようにしよう。　練習 ③ →

　買えるか買えないかを考えるときに、次のような見積もり方があります。

・**切り捨てたとき**の和は、代金以下

　4250円と3810円の場合

　　4250　＋　3810

　　↓切り捨て　↓切り捨て

　　4000　＋　3000　＝　7000

・**切り上げた**ときの和は、代金以上

　　4250　＋　3810

　　↓切り上げ　↓切り上げ

　　5000　＋　4000　＝　9000

7000円では**買えない**、9000円あれば**買える**ことがわかります。

2　　右の3つの文ぼう具が800円で買えるかどうかを、

切り上げや切り捨てを使って考えましょう。

98円　175円　445円

とき方　切り上げを使って考えます。

　消しゴムは100円、ペンは ◯① 　　　　円、コンパスは ◯② 　　　　円で、

　100＋ ◯③ 　　　　＋ ◯④ 　　　　＝ ◯⑤ 　　　　　だから、800円で ◯⑥ 　　　　　　。

教科書　下 27～28 ページ　　答え　27 ページ

1 わり算の商を見積もるのに、わられる数を上から 2 けた、わる数を上から 1 けたのがい数にしてから計算し、商は上から 1 けただけ求めます。

　　□ にあてはまる数をかいて、答えも求めましょう。　　教科書 27 ページ **1**

① 　6256 ÷ 　92
　　↓　　　　　↓
　　□ ÷ □　　（　　　）

② 　477180 ÷ 1980
　　↓　　　　　↓
　　□ ÷ □　　（　　　）

📖 よくよんで

2 ある店で、1 こ 280 円のケーキの 1 週間の売り上げは 32760 円でした。
　1 週間に約何このケーキが売れましたか。

　わられる数を上から 2 けた、わる数を上から 1 けたのがい数にしてから計算し、商は上から 1 けただけ求めて見積もりましょう。　　教科書 27 ページ **1**

（　　　　　　　）

3 右のマフラーとてぶくろが売られています。
　□ にあてはまる数やことばをかきましょう。
　　教科書 28 ページ **1**

3350円

2820円

① 　かいとさんは、5000 円で買えるかどうかを、
次のように見積もって考えました。
　かいとさんの考え方を説明しましょう。

　　3350 を切り捨てて千の位までのがい数にすると □ 、

　　2820 を切り捨てて千の位までのがい数にすると □

　　3000 ＋ 2000 ＝ 5000 だから、

　　5000 円で □ 。

② 　まなさんは、7000 円で買えるかどうかを、次のように見積もって考えました。
　まなさんの考え方を説明しましょう。

　　3350 を切り上げて千の位までのがい数にすると □ 、

　　2820 を切り上げて千の位までのがい数にすると □

　　4000 ＋ 3000 ＝ 7000 だから、

　　7000 円で □ 。

😊 ヒント　　**1** ② 477180 を上から 2 けたのがい数にすると 480000、
1980 を上から 1 けたのがい数にすると 2000 となります。

⑪ がい数とその計算

時間 **30** 分

／100

ごうかく **80** 点

📖教科書 下 18〜29 ページ ▶答え 27 ページ

知識・技能 ／80点

1 よく出る 四捨五入で、千の位までと一万の位までのがい数にしましょう。

各5点(30点)

① 36427

② 140532

③ 8244910

千の位 （　　　　　）　　千の位 （　　　　　）　　千の位 （　　　　　）

一万の位 （　　　　　）　　一万の位 （　　　　　）　　一万の位 （　　　　　）

2 よく出る 四捨五入で、上から2けたのがい数にしましょう。 各5点(15点)

① 30527

② 430897

③ 996158

（　　　　　）　　　　　（　　　　　）　　　　　（　　　　　）

3 よく出る 四捨五入で、十の位までのがい数にしたとき、640 になる整数のはんいを、以上、以下を使って表しましょう。

(5点)

（　　　　　　　　　　　　　　　　　）

4 下の表は、4つの市の人口を表したものです。

各4点(20点)

東山市	22547人
西山市	42386人
南山市	29635人
北山市	18079人

① 市の人口は、それぞれ約何万何千人といえますか。

東山市 （　　　　　）　西山市 （　　　　　）

南山市 （　　　　　）　北山市 （　　　　　）

② 市の人口をぼうグラフに表しましょう。

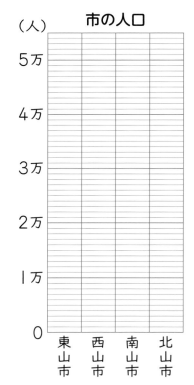

（人）　市の人口

5万

4万

3万

2万

1万

0

東山市　西山市　南山市　北山市

できたらスゴイ！

5 1、2、3、4、5とかかれた5まいのカードをならべて5けたの数をつくります。四捨五入で、千の位までのがい数にしたとき、34000になる整数を2こつくりましょう。

各5点(10点)

（　　　　　）（　　　　　）

思考・判断・表現　　　　　　　　　　　　　　　／20点

6 **右の表は、東谷市と西谷市の人口です。**

各5点(10点)

① 2つの市が合ぺいして1つの市になると、人口はあわせて約何万何千人といえますか。

東谷市	92881人
西谷市	65235人

（　　　　　　　　）

② 東谷市と西谷市の人口のちがいは、約何万何千人といえますか。

（　　　　　　　　）

7 ある小学校の4年生の林間学習のひ用は、1人10830円かかります。
4年生の人数は115人です。
4年生全員のひ用は約何円になりますか。
上から1けたのがい数にして見積もりましょう。

(5点)

（　　　　　　　　）

8 小学生83人がしゅう学旅行に行きます。ひ用は全部で1593600円かかります。
1人分のひ用は約何円になりますか。
わられる数を上から2けた、わる数を上から1けたのがい数にしてから計算し、商は上から1けただけ求めて見積もりましょう。

(5点)

（　　　　　　　　）

ふりかえり ❶がわからないときは、76ページの❶にもどってかくにんしてみよう。

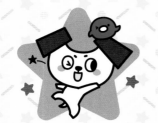

見方・考え方を深めよう(1)

わすれてもだいじょうぶ

学習日　　月　　日

教科書　下 30～31 ページ　答え　28 ページ

〈順(じゅん)にもどして〉

1 スーパーで、同じねだんのガムを４こと
240 円のチョコレートを｜つ買って、
560 円はらいました。

ガム｜このねだんは何円ですか。

● 問題を整理して、次のような図をかきました。

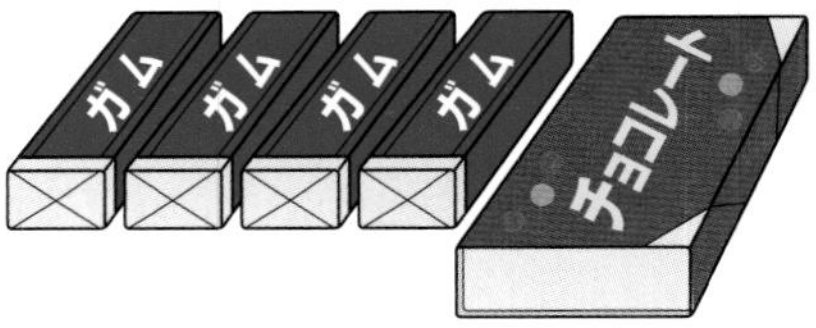

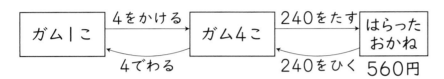

[ガム｜こ] —４をかける→ [ガム４こ] —240をたす→ [はらった おかね]
[ガム｜こ] ←４でわる— [ガム４こ] ←240をひく— 560円

● 全部から ガム４こ、ガム４こから ガム｜こと、順にもどして求(もと)めましょう。

560−□＝□（ガム４このねだん）

□÷4＝□（ガム｜このねだん）

（　　　　　）

ガム４このねだんは、
560 円からチョコレートの
ねだんをひけばいいから…

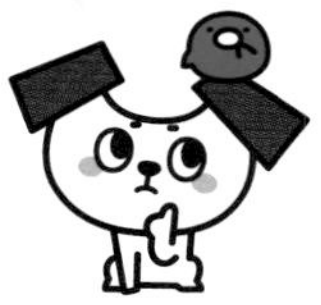

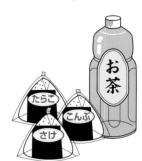

2 スーパーで、同じねだんのおにぎり３こと
｜35 円のお茶を｜本買って、
450 円はらいました。

おにぎり｜このねだんは何円ですか。
図にかいて、順にもどして求めましょう。

[おにぎり｜こ] —３をかける→ [　　　] —｜35をたす→ [はらった おかね]
（　　　）（　　　）（　　　）450円

まず、おにぎり３この
ねだんを考えよう。

（　　　　　）

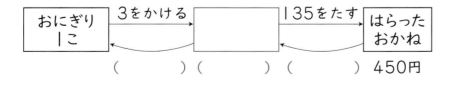

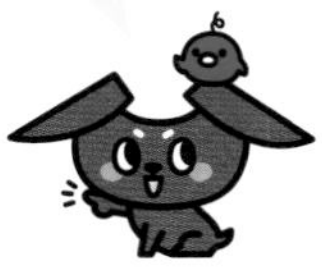

⭐**3** ノートを5さつ買いました。

代金を60円安くしてもらって、590円はらいました。

ノートは、1さつ何円のねだんがついていましたか。

図にかいて、順にもどして求めましょう。

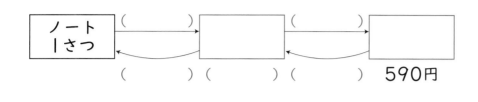

図にかいて、順にもどして求めよう。

(　　　　　　　　　　)

📖 **よくよんで**

⭐**4** りかさんの家に、しんせきからいちごが送られて きました。

家族6人で同じ数ずつに分けました。

そのあと、りかさんは、お母さんから4こもらった ので、りかさんのいちごの数は12こになりました。

送られてきたいちごは、全部で何こありましたか。

図にかいて、順にもどして求めましょう。

| 送られてきた いちご | → | □ | → | □ |

(　　　　　　　　　　)

⭐**5** クッキーをもらいました。

そのうち10こを残しておいて、あとを5人で同じ 数ずつ分けると、1人分は8こになりました。

もらったクッキーは、全部で何こありましたか。

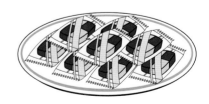

(　　　　　　　　　　)

① **小数のかけ算**

📖 教科書　下 32〜36 ページ　🔜 答え　28 ページ

✏️ 次の ▢ にあてはまる数をかきましょう。

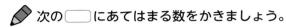

◎ねらい　小数×整数の計算のしかたがわかるようにしよう。　　練習 ❶ ❷➡

🐾 **小数×整数の計算のしかた**

10 倍（100 倍）した整数の式を考え、その答えを 10（100）でわります。

たとえば、0.2×3 の 0.2 を 10 倍した式は、
2×3＝6 です。

その答えの 6 を 10 でわって、0.2×3＝0.6 です。

$$0.2 \times 3 = \square$$
$$\times 10 \downarrow \qquad \times 10 \downarrow \div 10$$
$$2 \times 3 = 6$$

1 (1) 0.8×7、(2) 0.06×5 の計算をしましょう。

とき方 (1) 0.8×7 の 0.8 を 10 倍した式は、▢×7＝56 です。

その答えの 56 を 10 でわって、0.8×7＝▢

(2) 0.06×5 の 0.06 を ▢ 倍した式は、6×5＝30 です。

その答えの 30 を ▢ でわって、0.06×5＝▢

◎ねらい　小数×整数の筆算のしかたがわかるようにしよう。　　練習 ❸ ❹ ❺➡

🐾 **小数×整数の筆算のしかた**　　1.9×6 を筆算ですると、

小数点を考えないで
右にそろえてかく。

整数のときと同じ
ように計算する。

かけられる数の
小数点にそろえて、
積の小数点をうつ。

答えの小数点は
かけられる数の
小数点と同じ
ところだね。

2 (1) 1.47×6、(2) 3.6×27、(3) 0.25×74 を筆算でしましょう。

とき方 かける数が 2 けたになっても、同じように計算します。

(1)　　1.47
　　×　　6
　　▢

(2)　　　3.6
　　×　27
①▢
②▢
③▢

(3)　　0.25
　　×　74
①▢
②▢
③▢

さいごの 0 は消しておきます。

ぴったり 2
練習

★ できた問題には、「た」をかこう！★
でき ① でき ② でき ③ でき ④ でき ⑤

学習日　　　月　　　日

📖 教科書　下 32〜36 ページ ▶ 答え　28 ページ

1 次の計算をしましょう。
教科書 33 ページ **1**・**2**

① 0.3×2

② 0.4×3

③ 0.7×9

④ 0.5×8

2 次の計算をしましょう。
教科書 34 ページ **5**・**6**

① 0.08×6

② 0.12×3

③ 0.16×4

④ 0.15×2

3 次の計算をしましょう。
教科書 35 ページ **1**・**2**

① 1.3
×　5

② 1.69
×　　4

③ 9.5
×　8

④ 0.14
×　　6

! まちがい注意

4 次の計算をしましょう。
教科書 36 ページ **5**・**6**

① 4.9
×28

② 3.4
×76

③ 1.55
×　36

④ 0.67
×　80

5 ねん土を、1人 1.2 kg ずつ使います。
35 人では、何 kg 使うことになりますか。
教科書 36 ページ ⑤

式

答え （　　　　　　　）

🔵ヒント　⑤ 1.2×35 で求めます。

87

✏️ 次の ☐ にあてはまる数をかきましょう。

◎ねらい 小数÷整数の計算のしかたがわかるようにしよう。 練習 **①→**

🐾 **小数÷整数の計算のしかた**

10倍（100倍）した整数の式を考え、その答えを 10（100）でわります。

・0.8÷2 の 0.8 を 10 倍した式は、 8÷2＝4
  その答えの 4 を 10 でわって、0.8÷2＝0.4

・0.2÷4 の 0.2 を 100 倍した式は、 20÷4＝5
  その答えの 5 を 100 でわって 0.2÷4＝0.05

$$0.8÷2=\square$$
$$\underset{\times10}{\downarrow}\qquad\underset{\times10}{\downarrow}\ \underset{÷10}{\downarrow}$$
$$8÷2=4$$
$$0.2÷4=\square$$
$$\underset{\times100}{\downarrow}\qquad\underset{\times100}{\downarrow}\ \underset{÷100}{\downarrow}$$
$$20÷4=5$$

1 2÷5 を計算しましょう。

とき方 2÷5 の 2 を ☐ 倍した式は、20÷5＝4

その答えの 4 を ☐ でわって、2÷5＝☐

◎ねらい 小数÷整数の筆算のしかたがわかるようにしよう。 練習 **②③④→**

🐾 **小数÷整数の筆算のしかた** 6.8÷4 を筆算ですると、

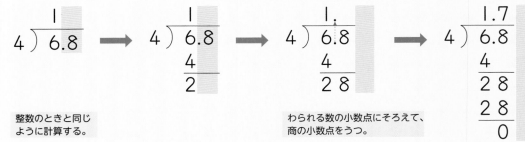

整数のときと同じ
ように計算する。

わられる数の小数点にそろえて、
商の小数点をうつ。

2 (1) 62.4÷8、(2) 14.8÷37 を筆算でしましょう。

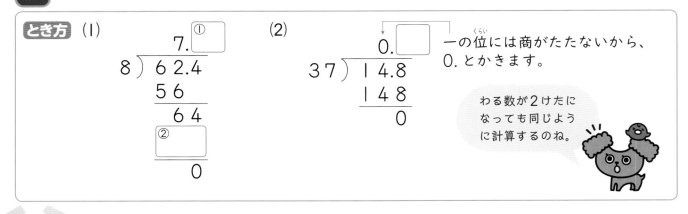

とき方 (1)
```
      7.①
  8) 6 2.4
     5 6
     6 4
   ②
      0
```

(2)
```
     0.☐
 37) 1 4.8
     1 4 8
       0
```
一の位には商がたたないから、
0. とかきます。

わる数が 2 けたに
なっても同じよう
に計算するのね。

88

教科書　下 38〜43 ページ　　答え　29 ページ

1 次の計算をしましょう。

教科書　39 ページ **1**・**2**、40 ページ **5**・**6**

① 0.6÷2

② 5.6÷7

③ 0.64÷8

④ 3÷5

⑤ 0.4÷8

⑥ 0.9÷10

2 次の計算をしましょう。

教科書　41 ページ **1**・**2**、42 ページ **5**

①
6) 7.2

②
4) 2 6.4

③
8) 4.1 6

④
3) 0.2 5 5

3 次の計算をしましょう。

教科書　43 ページ **8**・**9**

①
2 4) 3 3.6

②
1 6) 5 1.2

③
1 5) 4.5

④
3 1) 8.6 8

⑤
1 8) 1.4 4

⑥
4 6) 4.1 4

4 米のはいったふくろが7ふくろあります。
重さをはかったら、8.4 kg ありました。
この米１ふくろの重さは何 kg ですか。

教科書　42 ページ **A**

式

答え（　　　　　　　）

ヒント　④ 8.4÷7 で求めます。

 次の ▢ にあてはまる数をかきましょう。

◎ねらい あまりのあるわり算の筆算と答えのたしかめができるようにしよう。　**練習 ①➡**

🐾 あまりのあるわり算　（商を一の位まで求め、あまりをだす）

あまりの小数点は、わられる数の小数点にそろえてうちます。

・答えのたしかめ　　4 × 9 + 1.1 = 37.1

　わる数 × 商 + あまり = わられる数

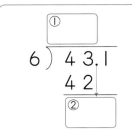

$$37.1 ÷ 4 = 9 \text{ あまり } 1.1$$

1　43.1 ÷ 6 の商を一の位まで求め、あまりをかきましょう。
また、答えのたしかめをしましょう。

とき方　答えのたしかめ

③ ▢ × ④ ▢ + ⑤ ▢ = 43.1
　わる数　　　　商　　　　あまり　　　わられる数

```
    ①
 6)43.1
   42
    ②
```

◎ねらい わり進む筆算のしかたがわかるようにしよう。　**練習 ②③➡**

🐾 わり進む筆算

わり算では、0をつけたして
計算を続けることができます。

わり切れなかったり、けた数が多く
なったりするときには、商をがい数で
表すことがあります。

```
   2          2.2         2.25
4)9    →   4)9.0    →   4)9.00
  8           8            8
  1          10           10
              8            8
              2           20
                          20
                           0
```

2　4 ÷ 6 の商を、四捨五入で、上から1けたのがい数で
表しましょう。

とき方　上から ▢ つ目の位を四捨五入して、▢ です。

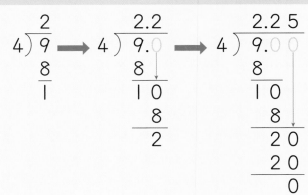

```
   0.66
 6)40
   36
```

◎ねらい 倍を表す数が小数になるときの意味がわかるようにしよう。　**練習 ④➡**

1.4倍のように、もとの大きさの何倍かを表す数は、小数になることがあります。

1.4倍というのは、もとにする大きさを1としたとき、

その1.4にあたる大きさを表しています。

1 商を一の位まで求め、あまりをかきましょう。
また、答えのたしかめをしましょう。

教科書 44 ページ 1

①

3) 7 3.3

②

2 7) 8 5.6

たしかめ （　　　　　　　　　　）　　たしかめ （　　　　　　　　　　）

2 次のわり算を、わり切れるまでしましょう。

教科書 45 ページ 1・2

① 8.7÷6　　② 32.4÷24　　③ 1.4÷8

3 次の商を、四捨五入で、$\frac{1}{10}$ の位までのがい数で表しましょう。
また、上から1けたのがい数で表しましょう。

教科書 46 ページ 5

① 20÷6　　② 51.5÷76

$\frac{1}{10}$ の位まで （　　　　　　）　　$\frac{1}{10}$ の位まで （　　　　　　）

上から1けた （　　　　　　）　　上から1けた （　　　　　　）

4 白のテープの長さは5cmで、青のテープの長さは12cmです。
青のテープの長さは、白のテープの長さの何倍ですか。

教科書 48 ページ 1

式

答え （　　　　　　　　）

ヒント　④ 5cm の□倍が 12cm になると考えます。

知識・技能

／80点

1 次の計算をしましょう。

各5点（20点）

① 0.8×4

② 0.09×3

③ 4.9÷7

④ 0.81÷9

2 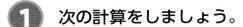 次の計算をしましょう。

各5点（40点）

①　　8.5
　　× 7

②　　7.6
　　× 5

③　　6.3
　　×75

④　　0.82
　　× 39

⑤

6) 4 3.8

⑥

8) 7.4 4

⑦

1 2) 1 0.8

⑧

3 7) 8.5 1

③ 次のわり算を、わり切れるまでしましょう。　　　　各4点(8点)

① 5.6÷5　　　　　　　　　　　② 14.1÷60

④ よく出る 71.3÷29 の計算をしましょう。　　　　各4点(12点)

① 商を一の位まで求め、あまりもかきましょう。

（　　　　　　　　　）

② 商を、四捨五入で、$\frac{1}{10}$ の位までのがい数で表しましょう。

（　　　　　　　　　）

③ 商を、四捨五入で、上から1けたのがい数で表しましょう。

（　　　　　　　　　）

思考・判断・表現　　　　　　　　　　　　　　　　／20点

⑤ よく出る 1.2 m のリボンを1人に1本ずつわたします。

18人にわたすには、リボンは何 m いりますか。　　式・答え　各5点(10点)

式

答え（　　　　　　　　　）

！まちがい注意

⑥ 赤のリボンの長さは15 cm、青のリボンの長さは9 cm です。

青のリボンの長さは、赤のリボンの長さの何倍ですか。　　式・答え　各5点(10点)

式

答え（　　　　　　　　　）

 ❶①②がわからないときは、86 ページの ❶ にもどってかくにんしてみよう。

ふろくの「計算せんもんドリル」22〜34 もやってみよう！

学びをいかそう

だれでしょう

教科書　下 54〜55 ページ　答え　31 ページ

ありささん、かなさん、
さゆりさん、たまえさん、
なみさんの 5 人は、登校はん
が同じ仲よしグループです。

1　ありささん、かなさん、さゆりさん、たまえさんの 4 人が、自分のいちばん
好きな食べもののことを話しあいました。

　4 人のいちばん好きな食べものは、みんなちがっていて、カレー、ハンバーグ、
やき肉、すしのどれかです。

　・ありさは、カレーでもやき肉でもない。

　・さゆりは、カレーではない。

　・たまえは、すしではない。

　・ありさもさゆりも、すしではない。

	カレー	ハンバーグ	やき肉	すし
ありさ	×		×	
かな				
さゆり				
たまえ				

① 　上の表で、ありささんがいちばん好きではないものに×をかきます。
　カレー、やき肉のほかにもう 1 つ×をかく食べものはどれですか。

（　　　　　　　　　）

② 　かなさんがいちばん好きな食べものは、どれですか。

（　　　　　　　　　）

表に×を
かいていくと
わかるね。

③ 　さゆりさんとたまえさんがいちばん好きな食べものは、
　それぞれどれですか。

さゆり（　　　　　　　　　）

たまえ（　　　　　　　　　）

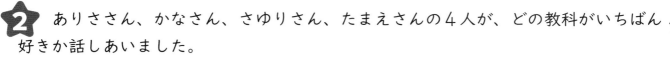

2 ありささん、かなさん、さゆりさん、たまえさんの４人が、どの教科がいちばん好きか話しあいました。

４人のいちばん好きな教科は、みんなちがっていて、国語、算数、社会、体育のどれかです。

・ありさは、算数でも社会でもない。

・かなは、国語でも社会でもない。

・かなもたまえも、算数ではない。

	国語	算数	社会	体育
ありさ				
かな				
さゆり				
たまえ				

４人がいちばん好きな教科は、それぞれどれですか。

ありさ （　　　　　　　）　　　かな （　　　　　　　）

さゆり （　　　　　　　）　　　たまえ （　　　　　　　）

📖 **よくよんで**

3 ありささん、かなさん、さゆりさん、たまえさん、なみさんの５人は、家でかっている動物について話しあいました。

５人のかっている動物は、みんなちがっていて、ねこ、小鳥、かめ、犬、熱帯魚（ねったい）のどれかです。

・ありさの動物には、羽根がない。

・かなの動物は、長い間水の中にいることができる。

・さゆりの動物は、散歩（さんぽ）に連れていく。

・たまえの動物は、なき声がはっきりと聞こえる。

・なみの動物には、足がない。

表に○をかいていくとわかるよ。

	ねこ	小鳥	かめ	犬	熱帯魚
ありさ	○		○	○	○
かな					
さゆり					
たまえ					
なみ					

ありささんとかなさんの動物は、それぞれどれですか。

ありさ （　　　　　　　）　　　かな （　　　　　　　）

⑬ **調べ方と整理のしかた**

教科書 下 58〜65 ページ ｜ 答え 32 ページ

✏ 次の ☐ にあてはまる数やことばをかきましょう。

🎯 **ねらい** 2つのことがらについて調べられるようにしよう。 ｜ 練習 ① ② →

2つのことがらについて調べるには、次のような表に整理すると便利です。

学年と場所別のけが調べ（人）

学年 ＼ 場所	運動場	体育館	ろうか	教室	合計
1年	9	4	6	3	22
2年	7	5	5	2	19
3年	6	3	3	1	13
4年	5	4	1	1	11
5年	4	2	1	0	7
6年	3	3	0	0	6
合計	34	21	16	7	78

4年生で教室で
けがをした人は、
1人だね。

1 上の表を見て答えましょう。

(1) 4年生で体育館でけがをした人は何人ですか。

(2) 3年生でけがをした人の合計は何人ですか。

(3) いちばんけがが多かった場所はどこですか。

(4) どの学年で、どんな場所でけがをした人がいちばん多いですか。

とき方 (1) 4年生で体育館でけがをした人は、 ☐ 人です。

(2) 表の右はしのらんを見ると、3年生でけがをした人の合計は、 ☐ 人です。

(3) 場所別のけがをした人の合計は、

運動場が34人、体育館が21人、ろうかが ☐ 人、教室が7人です。

だから、いちばんけがが多かった場所は ☐ です。

(4) 合計のらん以外の人数をくらべると、いちばん多い人数は9人です。

だから、 ☐ 年で、 ☐ でけがをした人がいちばん多いです。
┗→学年 ┗→場所

表からいろいろなことが
よみとれるね。

教科書　下 58〜65 ページ　答え　32 ページ

下の表は、学校の１週間のけがを調べた記録です。

１週間のけが調べ

曜日	場所	体の部分	けがの種類
月	体育館	足	ねんざ
	体育館	足	ねんざ
	教室	手	つき指
	運動場	足	すりきず
	中庭	顔	すりきず
	運動場	手	つき指
火	体育館	手	ねんざ

曜日	場所	体の部分	けがの種類
水	教室	うで	すりきず
	中庭	手	すりきず
	体育館	足	ねんざ
木	中庭	手	切りきず
	運動場	足	切りきず
	中庭	足	打ぼく
	運動場	足	すりきず

曜日	場所	体の部分	けがの種類
木	運動場	顔	すりきず
	中庭	手	つき指
	中庭	うで	さしきず
金	運動場	うで	打ぼく
	運動場	足	打ぼく
	教室	足	ねんざ
	教室	手	さしきず

① 上のけが調べの記録について、場所とけがの種類に目をつけて、下の表に正の字と数をかいて、整理しましょう。

教科書 62ページ ②

場所とけがの種類別のけが調べ（人）

場所＼けがの種類	ねんざ	切りきず	つき指	すりきず	打ぼく	さしきず	合計
運動場							
中庭							
教室							
体育館							
合計							

② ①の表を見て答えましょう。

教科書 62ページ ②

① 中庭ですりきずをした人は何人ですか。

（　　　　　）

② 打ぼくをした人の合計は何人ですか。

（　　　　　）

③ いちばんけがが多かった場所はどこですか。

（　　　　　）

④ どんな場所で、どんなけがをした人がいちばん多いですか。

場所（　　　　　）　　けがの種類（　　　　　）

ヒント　① 表をつくってから最後に、合計の人数が、21 人となっているかたしかめます。

教科書 下 58～67 ページ　答え 32 ページ

知識・技能　／60点

1 さつきさんのクラスで、はんごとに学校のまわりでみつけた虫を調べたら、下の表のようになりました。

全部できて　1問10点(60点)

学校のまわりの虫

はん	種類	場所	はん	種類	場所
1	チョウ	公園	3	テントウムシ	ぞうき林
1	チョウ	畑	3	チョウ	公園
1	テントウムシ	校庭	4	テントウムシ	畑
1	チョウ	校庭	4	テントウムシ	公園
1	カマキリ	畑	4	チョウ	公園
2	テントウムシ	公園	4	トンボ	校庭
2	チョウ	公園	4	クワガタムシ	ぞうき林
2	クワガタムシ	ぞうき林	5	トンボ	校庭
2	チョウ	畑	5	チョウ	畑
3	トンボ	公園	5	クワガタムシ	ぞうき林
3	トンボ	校庭	5	チョウ	公園

① みつけた虫の種類と場所について、表に整理しましょう。

みつけた虫の種類と場所調べ(ひき)

種類＼場所	公園	校庭	ぞうき林	畑	合計
チョウ					
テントウムシ					
トンボ					
クワガタムシ					
カマキリ					
合計				㋐	

② 校庭でみつけたトンボは何びきですか。

（　　　　　　　　　）

③ みつけたテントウムシの合計は何びきですか。

（　　　　　　　　　）

④ いちばんみつけた虫が多かった場所はどこですか。

（　　　　　　　　　）

⑤ どんな場所で、どんな虫がいちばん多いですか。

場所（　　　　　　　　）　　虫の種類（　　　　　　　　）

⑥ ㋐にあてはまる数は何を表していますか。

（　　　　　　　　　）

思考・判断・表現　　　　　　　　　　　　　　　　　　／40点

2 よく出る 右の表は、4年生が好きな
果物を調べたものです。

全部できて　1問10点(40点)

4年生が好きな果物調べ(人)

種類＼組	1組	2組	合計
いちご	6		15
バナナ	10	8	18
みかん	11	5	
りんご	6	10	16
合計		32	

① 表のあいているところに数字をかきましょう。

② 1組で、好きな人がいちばん多い果物は何ですか。

（　　　　　　　　　）

③ 4年生で、いちごが好きな人とりんごが好きな人の合計は何人ですか。

（　　　　　　　　　）

④ 1組でバナナが好きな人は、2組でバナナが好きな人より何人多いですか。

（　　　　　　　　　）

ふりかえり ❶がわからないときは、96ページの❶にもどってかくにんしてみよう。

見方・考え方を深めよう(2)

どれにしようかな

教科書　下 68～69 ページ　答え　33 ページ

〈なかまに分けて〉

1 北町の人 30 人と、南町の人 29 人に、りんごかみかんのどちらが食べたいかアンケートをとると、下のような結果（けっか）になりました。

りんごを選（えら）んだ人……27 人
みかんを選んだ人……32 人

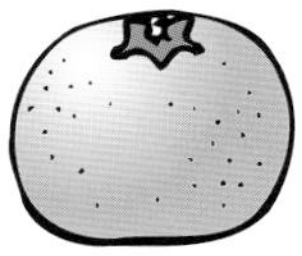

このうち、北町でりんごを選んだ人は、18 人でした。
南町でりんごを選んだ人は、何人ですか。
また、北町、南町でみかんを選んだ人は、それぞれ何人ですか。

● 問題を下の表のように整理しました。

食べたい果物（くだもの）調べ（人）

町＼果物	りんご	みかん	合計
北町	(あ) 18	(い)	(う) 30
南町	(か)	(き)	(く) 29
合計	(さ) 27	(し) 32	(す)

表に整理すると、
考えやすくなるね。

① 南町でりんごを選んだ人は何人かを求（もと）めましょう。
りんごを選んだ 27 人のうち、北町の人が 18 人だから、
南町の人は、27－□＝□
（27→(さ)、□→(あ)、□→(か)）

（　　　　）

② 北町でみかんを選んだ人は何人かを求めましょう。
北町の人 30 人のうち、りんごを選んだ人が 18 人だから、
みかんを選んだ人は、30－□＝□
（30→(う)、□→(あ)、□→(い)）

（　　　　）

③ 南町でみかんを選んだ人は何人かを求めましょう。
南町の人 29 人のうち、りんごを選んだ人の数をひいて求めると、
みかんを選んだ人は、29－□＝□
（29→(く)、□→(か)、□→(き)）

（　　　　）

2 1組の人 28 人と、2組の人 27 人に、野球かサッカーのどちらをしたいか
アンケートをとると、下のような結果になりました。

野球を選んだ人…………16人
サッカーを選んだ人……39人

このうち、1組でサッカーを選んだ人は、17人でした。
2組でサッカーを選んだ人は、何人ですか。
また、1組、2組で野球を選んだ人は、それぞれ何人ですか。

① 問題を下の表に整理しましょう。

したいスポーツ調べ(人)

組＼スポーツ	野球	サッカー	合計
1組			
2組			
合計			

問題の中に出てくる人数を
表にかきこもう。

② 2組でサッカーを選んだ人は、何人ですか。

(   )

③ 1組、2組で野球を選んだ人は、それぞれ何人ですか。

1組 (   )

2組 (   )

 よくよんで

3 ゆうこさんのクラスは 34 人で、
ねこや犬をかっているかを調べたら、
右のような結果になりました。
ねこも犬もかっている人は、何人ですか。
問題を下の表に整理して求めましょう。

ねこをかっている人……………10人
犬をかっている人………………11人
ねこも犬もかっていない人……16人

ねこ、犬をかっている人調べ(人)

		ねこ		合計
		かっている	かっていない	
犬	かっている			
	かっていない			
合計				

(   )

101

14 分 数

① 1より大きい分数の表し方

教科書　下 70〜74 ページ　答え　34 ページ

✏ 次の ▢ にあてはまる数をかきましょう。

🎯 ねらい　真分数、仮分数、帯分数がわかるようにしよう。

練習 ① ② ③ →

🐾 真分数　分子が分母より小さい分数　$\dfrac{3}{4}$、$\dfrac{2}{5}$

🐾 仮分数　分子が分母と等しいか、分母より大きい分数　$\dfrac{4}{4}$、$\dfrac{7}{5}$

🐾 帯分数　整数と真分数の和になっている分数　$1\dfrac{1}{4}$、$2\dfrac{2}{5}$

$\dfrac{4}{4}$ や $\dfrac{6}{6}$ のように 1 に等しい分数を仮分数のなかまに入れていることに気をつけよう。

1 $\dfrac{19}{6}$ を帯分数になおしましょう。

とき方　$\dfrac{19}{6}$ は、$\dfrac{1}{6}$ を ① ▢ こ集めた数です。

$\dfrac{1}{6}$ を 6 こ集めた数が 1 だから、19÷6 の商とあまりを考えます。

$19÷6＝$ ② ▢ あまり ③ ▢

　→帯分数の整数の部分　　→帯分数の真分数の部分の分子

$\dfrac{19}{6}＝$ ④ ▢ $\dfrac{⑤▢}{6}$

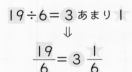

$19÷6＝3$ あまり 1
⇩
$\dfrac{19}{6}＝3\dfrac{1}{6}$

2 $3\dfrac{2}{5}$ を仮分数になおしましょう。

とき方　$3\dfrac{2}{5}$ の 3 は $\dfrac{1}{5}$ が（5×3）こ、

$3\dfrac{2}{5}$ の $\dfrac{2}{5}$ は $\dfrac{1}{5}$ が 2 こだから、

$3\dfrac{2}{5}$ は $\dfrac{1}{5}$ を ▢ こ集めた数です。

　　　　→5×3＋2＝17

$3\dfrac{2}{5}＝\dfrac{▢}{5}$

$5×3＋2＝17$
⇩
$3\dfrac{2}{5}＝\dfrac{17}{5}$

教科書 下 70〜74 ページ　答え 34 ページ

1 次の分数を、真分数、仮分数、帯分数に分けましょう。

教科書 71 ページ ⚠、72 ページ 1

$\dfrac{7}{6}$　　$1\dfrac{1}{3}$　　$\dfrac{2}{2}$　　$\dfrac{1}{10}$　　$2\dfrac{3}{4}$　　$\dfrac{8}{9}$　　$\dfrac{9}{7}$　　$\dfrac{3}{8}$　　$2\dfrac{4}{5}$

① 真分数（　　　　　　　　　　　　　　）

② 仮分数（　　　　　　　　　　　　　　）

③ 帯分数（　　　　　　　　　　　　　　）

2 次の仮分数を整数か帯分数になおしましょう。

教科書 73 ページ 2・⚠

① $\dfrac{14}{5}$

② $\dfrac{11}{8}$

③ $\dfrac{9}{3}$

（　　　　）　　　　（　　　　）　　　　（　　　　）

3 次の帯分数を仮分数になおしましょう。

教科書 74 ページ 4

① $1\dfrac{3}{7}$

② $2\dfrac{1}{2}$

③ $3\dfrac{4}{5}$

（　　　　）　　　　（　　　　）　　　　（　　　　）

4 次の数の大きさをくらべ、等号や不等号を使って式にかきましょう。

教科書 74 ページ 5・⚠

① $\dfrac{11}{7}$ [　　] $1\dfrac{2}{7}$　　② $4\dfrac{1}{6}$ [　　] $\dfrac{25}{6}$　　③ $\dfrac{39}{8}$ [　　] 5

ヒント　4 仮分数を帯分数にしても、帯分数や整数を仮分数にしても、くらべられます。

じゅんび

14 分 数

② 分数のたし算・ひき算

教科書 下 75〜76 ページ ⇨ 答え 34 ページ

✎ 次の ☐ にあてはまる数をかきましょう。

🎯 **ねらい** 仮分数のたし算、ひき算ができるようにしよう。 練習 ❶ ❷ →

⭐ $\frac{8}{7} + \frac{2}{7}$ の計算のしかた… $\frac{8}{7}$ は、$\frac{1}{7}$ が **8** こ、$\frac{2}{7}$ は $\frac{1}{7}$ が **2** こ。

あわせて、$\frac{1}{7}$ が (**8**+**2**) こなので、$\frac{10}{7}$ になります。

⭐ $\frac{8}{7} - \frac{2}{7}$ の計算のしかた… $\frac{1}{7}$ が (**8**−**2**) こなので、$\frac{6}{7}$ になります。

1 (1) $\frac{5}{7} + \frac{3}{7}$、(2) $\frac{9}{7} - \frac{4}{7}$ を計算しましょう。

とき方 (1) $\frac{5}{7} + \frac{3}{7}$ は、$\frac{1}{7}$ が $\left(5 + \boxed{}\right)$ こなので、$\frac{\boxed{}}{7}$ になります。

(2) $\frac{9}{7} - \frac{4}{7}$ は、$\frac{1}{7}$ が $\left(\boxed{} - 4\right)$ こなので、$\frac{\boxed{}}{7}$ になります。

🎯 **ねらい** 帯分数のはいった計算ができるようにしよう。 練習 ❸ ❹ ❺ →

⭐ $1\frac{3}{7} + \frac{6}{7} = \frac{10}{7} + \frac{6}{7} = \frac{16}{7}\left(= 2\frac{2}{7}\right)$

↳ 帯分数を仮分数になおして計算

答えは帯分数でも仮分数でもいいよ。

⭐ $1\frac{3}{7} + \frac{6}{7} = 1 + \frac{3}{7} + \frac{6}{7} = 1 + \frac{9}{7} = 1 + 1 + \frac{2}{7} = 2\frac{2}{7}\left(= \frac{16}{7}\right)$

↳ 帯分数を整数＋真分数と考えて計算

2 (1) $\frac{3}{4} + 1\frac{1}{4}$、(2) $1\frac{1}{6} - \frac{2}{6}$ を計算しましょう。

とき方 (1) 帯分数を仮分数になおして計算すると、

$$\frac{3}{4} + 1\frac{1}{4} = \frac{3}{4} + \frac{\boxed{①}}{4} = \boxed{②}\ (= 2)$$

帯分数を整数＋真分数と考えて計算すると、

$$\frac{3}{4} + 1\frac{1}{4} = \frac{3}{4} + 1 + \boxed{③} = 1 + \frac{\boxed{④}}{4} = 1 + 1 = 2$$

(2) $1\frac{1}{6} - \frac{2}{6} = \frac{\boxed{①}}{6} - \frac{2}{6} = \boxed{②}$

教科書　下 75〜76 ページ　　答え　34 ページ

1 次の計算をしましょう。　　教科書　75 ページ **1**

① $\dfrac{3}{4} + \dfrac{3}{4}$

② $\dfrac{2}{5} + \dfrac{3}{5}$

③ $\dfrac{5}{7} + \dfrac{4}{7}$

④ $\dfrac{7}{8} + \dfrac{5}{8}$

⑤ $\dfrac{7}{9} + \dfrac{8}{9}$

⑥ $\dfrac{5}{6} + \dfrac{7}{6}$

2 次の計算をしましょう。　　教科書　75 ページ **2**

① $\dfrac{7}{5} - \dfrac{3}{5}$

② $\dfrac{7}{4} - \dfrac{3}{4}$

③ $\dfrac{12}{5} - \dfrac{8}{5}$

④ $\dfrac{11}{6} - \dfrac{7}{6}$

⑤ $\dfrac{13}{7} - \dfrac{10}{7}$

⑥ $\dfrac{21}{8} - \dfrac{3}{8}$

！ まちがい注意

3 次の計算をしましょう。　　教科書　76 ページ **1**・**2**

① $1\dfrac{4}{5} + \dfrac{2}{5}$

② $1\dfrac{5}{6} + \dfrac{2}{6}$

③ $\dfrac{4}{7} + 2\dfrac{3}{7}$

④ $1\dfrac{3}{8} - \dfrac{6}{8}$

⑤ $1\dfrac{3}{7} - \dfrac{5}{7}$

⑥ $2 - \dfrac{2}{5}$

4 $1\dfrac{5}{7}$ m と $\dfrac{4}{7}$ m の長さのリボンをあわせると、何 m になりますか。

教科書　76 ページ **1**

式

答え （　　　　　　　　）

5 $1\dfrac{1}{4}$ m のロープと $\dfrac{3}{4}$ m のロープがあります。

長さのちがいは何 m ですか。　　教科書　76 ページ **2**

式

答え （　　　　　　　　）

ヒント ④ $1\dfrac{5}{7} + \dfrac{4}{7}$ で求めます。$1\dfrac{5}{7} = \dfrac{12}{7}$ なので、$\dfrac{12}{7} + \dfrac{4}{7}$ は、$\dfrac{1}{7}$ が（12＋4）こになります。

学習日　月　日

教科書　下 77 ページ　　答え　35 ページ

 次の◯◯にあてはまる数をかきましょう。

◎ねらい　大きさの等しい分数をみつけられるようにしよう。　　練習 ① ② →

🐾 等しい分数

　右の数直線からわかる
ように、分数には、分母
や分子がちがっても、
大きさの等しい分数が
あります。

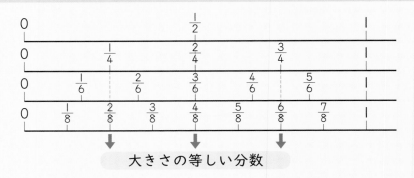

大きさの等しい分数

1　右下の数直線を使って、$\frac{1}{3}$ や $\frac{4}{5}$ に等しい分数をみつけましょう。

とき方　右の図で、たてに同じ位置になら
んでいる分数どうしが等しくなります。

　だから、$\frac{1}{3}$ と大きさの等しい分数は、

　$\dfrac{\boxed{}}{6}$ 、$\dfrac{\boxed{}}{9}$ です。

　$\frac{4}{5}$ と大きさの等しい分数は、

　$\dfrac{\boxed{}}{10}$ です。

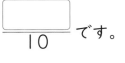

数直線に
ものさしを
あててみると
わかりやすいよ。

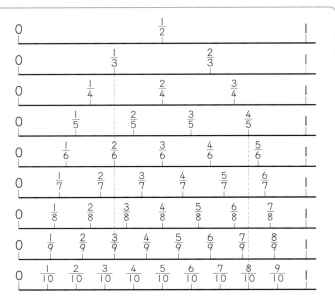

2　**1**の数直線を見て、$\frac{1}{3}$ と $\frac{1}{4}$ では、どちらが大きいかを答えましょう。

とき方　数直線では、右にある数のほうが大きいです。

　$\frac{1}{3}$ と $\frac{1}{4}$ では、$\frac{1}{3}$ のほうが右にあるので、

　$\boxed{}$ のほうが大きいです。

分子が同じだと、
分母が大きい分数の
ほうが小さいね。

教科書　下77ページ　　答え　35ページ

1 下の数直線を見て、次の問いに答えましょう。　　教科書 77ページ **1**

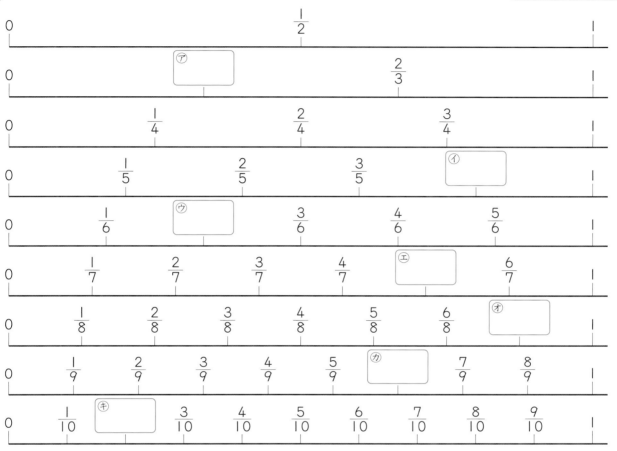

① 上の数直線の ☐ にあてはまる数をかきましょう。

よくみて

② $\frac{1}{2}$ に等しい分数をみつけましょう。　　（　　　　　　　）

③ $\frac{1}{4}$ に等しい分数をみつけましょう。　　（　　　　　　　）

④ $\frac{6}{10}$ に等しい分数をみつけましょう。　　（　　　　　　　）

2 上の数直線を見て、次の分数を小さい順にならべましょう。　　教科書 77ページ

① $\frac{1}{2}$、$\frac{1}{6}$、$\frac{1}{10}$　　　　　　② $\frac{2}{5}$、$\frac{2}{7}$、$\frac{2}{3}$

（　　　　　　　）　　　　　　（　　　　　　　）

 **ヒント** ❶ たてに同じ位置にならんでいる分数が等しい分数です。
② 数直線上に $\frac{1}{2}$ に等しい分数は 4 つあります。

ぴったり 3
たしかめのテスト

⑭ 分　数

時間 30 分
／100
ごうかく 80 点

教科書　下 70～79 ページ　　答え　35 ページ

知識・技能　　　　　　　　　　　　　　　　　　　　　　　　　／80点

1 下の数直線で、あにあたる分数を、仮分数と帯分数でかきましょう。　各3点(6点)

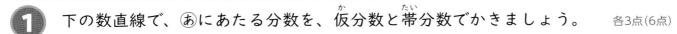

仮分数（　　　　　　）　帯分数（　　　　　　）

2 よく出る 次の仮分数を整数か帯分数に、帯分数を仮分数に、なおしましょう。

各3点(18点)

① $\dfrac{7}{4}$　　　　　　　　　　　　② $\dfrac{24}{8}$

（　　　　　）　　　　　　　　　（　　　　　）

③ $\dfrac{14}{9}$　　　　　　　　　　　④ $1\dfrac{3}{5}$

（　　　　　）　　　　　　　　　（　　　　　）

⑤ $2\dfrac{2}{6}$　　　　　　　　　　　⑥ $3\dfrac{5}{8}$

（　　　　　）　　　　　　　　　（　　　　　）

3 次の数の大きさをくらべ、等号や不等号を使って式にかきましょう。　各4点(12点)

① $\dfrac{11}{6}$ ☐ $1\dfrac{5}{6}$　　② $1\dfrac{2}{9}$ ☐ $\dfrac{10}{9}$　　③ 3 ☐ $\dfrac{22}{7}$

4 次の分数を、大きい順にならべましょう。　(4点)

$1\dfrac{5}{7}$　　$\dfrac{13}{7}$　　$2\dfrac{1}{7}$

（　　　　　　　　）

5 よく出る 次の計算をしましょう。　　　　　各4点（40点）

① $\dfrac{3}{4}+\dfrac{6}{4}$

② $\dfrac{4}{5}+\dfrac{6}{5}$

③ $\dfrac{4}{9}+\dfrac{8}{9}$

④ $\dfrac{10}{7}-\dfrac{5}{7}$

⑤ $\dfrac{9}{8}-\dfrac{1}{8}$

⑥ $\dfrac{15}{6}-\dfrac{3}{6}$

⑦ $1\dfrac{5}{7}+\dfrac{3}{7}$

⑧ $3\dfrac{2}{5}+\dfrac{4}{5}$

⑨ $1\dfrac{3}{10}-\dfrac{9}{10}$

⑩ $3-\dfrac{7}{8}$

思考・判断・表現　　　　　　　　　　　　　　　　　／20点

6 みんなでジュースを $1\dfrac{3}{8}$ L 飲みましたが、まだ $\dfrac{5}{8}$ L 残っています。

はじめに何 L ありましたか。　　　　　　式・答え　各5点（10点）

式

答え （　　　　　　　　）

7 計算のまちがいを説明して、正しい答えをかきましょう。　　　全部できて　10点

$\dfrac{1}{4}+\dfrac{2}{4}=\dfrac{3}{8}$　　説明 （

正しい答え （

ふりかえり ②がわからないときは、102 ページの 1 2 にもどってかくにんしてみよう。

ふろくの「計算せんもんドリル」 35〜40 もやってみよう！

109

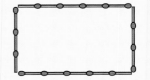
教科書 下 82〜85 ページ　答え 36 ページ

✏ 次の ☐ にあてはまる数や記号やことばをかきましょう。

🎯 ねらい　2つの量の関係を、表や式に表せるようにしよう。　練習 ① ② →

🐾 変わり方

　マッチぼうを 16 本ならべて、いろいろな長方形をつくります。

　たての本数が変わると、横の本数も変わります。

　この関係を表に整理すると、変わり方がよくわかります。

つくった長方形のたての本数と横の本数

たての本数（本）	1	2	3	4	5	6	7
横の本数　（本）	7	6	5	4	3	2	1

たての本数を○本、**横の本数**を△本として、○と△の関係を式に表すと、○＋△＝8 になります。

たての本数と
横の本数の
和は8本だね。

1　12 本のえん筆を、ひろさんと弟の2人で分けます。

(1)　2人がもらうえん筆の本数の変わり方を、表にかいて調べましょう。

(2)　ひろさんがもらうえん筆の本数を○本、弟がもらうえん筆の本数を△本として、○と△の関係を式に表しましょう。

(3)　ひろさんがもらうえん筆が1本ずつふえると、弟がもらうえん筆はどのように変わりますか。

とき方 (1)　ひろさんの本数 ＋ 弟の本数 ＝12 だから、

ひろさんの本数と弟の本数

ひろさんの本数（本）	1	2	3	4	5
弟の本数　　　（本）			9	8	

(2)　(1)のことばの式に記号をあてはめると、☐ ＋ ☐ ＝12

(3)　(1)の表より、ひろさんのえん筆が1本ずつふえると、
　　弟のえん筆は ☐ 本ずつ ☐ ます。

教科書　下 82〜85 ページ　　答え　36 ページ

1 まわりの長さが 20 cm の長方形をかきます。　教科書 83 ページ **1**、84 ページ **2**

① たての長さと横の長さの変わり方を、表にかいて調べましょう。

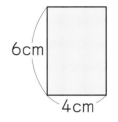

6cm

4cm

長方形のたての長さと横の長さ

たての長さ（cm）	1	2	3	4	5	6	7
横の長さ　（cm）						4	

② たての長さと横の長さをあわせると、いつも何 cm になっていますか。

（　　　　　　　　　　）

③ たての長さを○ cm、横の長さを△ cm として、
○と△の関係を式に表しましょう。

（　　　　　　　　　　）

2 1辺が 1cm の正三角形を、右の
図のように、1だん、2だん、…とな
らべて、三角形をつくります。

教科書 85 ページ **4**

1cm

1だん　　2だん　　3だん　　…

① だんの数とまわりの長さの関係を、
下の表に整理しましょう。

だんの数とまわりの長さ

だんの数　（だん）	1	2	3	4	5	6
まわりの長さ（cm）	3					

② だんの数を○だん、まわりの長さを△ cm として、
○と△の関係を式に表しましょう。

（　　　　　　　　　　）

③ だんの数が 20 だんのとき、まわりの長さは何 cm ですか。

（　　　　　　　　　　）

ヒント　**2** 2だん、3だんの形はそれぞれ 1辺が 2cm、3cm の正三角形です。

111

15 変わり方

変わり方ー(2)

教科書　下86〜87ページ　答え　36ページ

✏️ 次の◯◯にあてはまる数をかきましょう。

◎ねらい　表から変わり方のきまりをみつけることができるようにしよう。　練習① →

🐾 変わり方を使って

右の図のように、1列にテーブルをならべて、そのまわりに人がすわります。

テーブルの数とすわれる人数の関係を、表にかいて調べると、下のようになります。

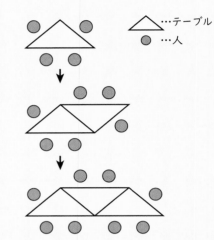

△…テーブル
●…人

テーブルの数とすわれる人数

テーブルの数（こ）	1	2	3	4	5	6
すわれる人数（人）	4	6	8	10	12	14

テーブルの数が1こふえると、すわれる人数が2人ふえることが、表からわかります。

1 上の表を見て、次の問いに答えましょう。

(1) テーブルの数が9このとき、何人の人がすわれますか。

(2) 26人すわるには、テーブルが何こいりますか。

とき方　テーブルが1こふえると、すわれる人の数が2人ふえます。

(1) テーブル6こで、すわれる人が14人だから、

テーブル7こで、すわれる人が16人、

テーブル8こで、すわれる人が�య◽人、

テーブル9こで、すわれる人は◯◯人になります。

(2) (1)で、テーブル9このとき20人すわれることがわかったので、

22人がすわるには、テーブルが10こ、

24人がすわるには、テーブルが11こ、

26人がすわるには、テーブルが◯◯こいります。

表をたてに見ていくと、
テーブルの数 ×2＋2＝すわれる人数
になっているね。

教科書 下 86〜87 ページ 〉 答え 36 ページ

1 次の図のように、1辺が1cmの正方形をならべていきます。　教科書 86 ページ **1**

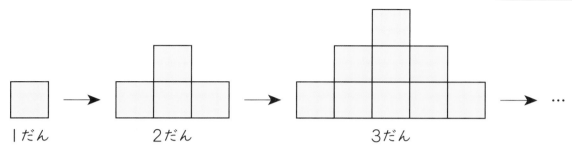

1だん　　　2だん　　　　3だん　　　…

① だんの数とまわりの長さの変わり方を調べます。次の表を完成させましょう。

だんの数とまわりの長さ

だんの数　　（だん）	1	2	3	4
まわりの長さ（cm）				

② 5だんのとき、まわりの長さは何cmですか。

（　　　　　　）

③ まわりの長さが40cmのとき、だんの数は何だんですか。

（　　　　　　）

2 右の表は、びんに水を入れていった
ときの水のかさと全体の重さを表したも
のです。　教科書 87 ページ **1**

水のかさと全体の重さ

水のかさ（dL）	1	2	3	4	5
重　さ　（g）	250	350	450	550	650

① 水のかさと全体の重さの関係を、
折れ線グラフにかきましょう。

（g）水のかさと全体の重さ

② 水を4.5dL入れたとき、全体の重
さは何gになりますか。

（　　　　　　）

③ 水がはいっていないときのびんの重
さは何gですか。

（　　　　　　）

ヒント
1 だんの数が1だんふえると、まわりの長さは6cmふえます。
2 ③ グラフを左下にのばして、0dLのときの重さを見ましょう。

⑮ 変わり方

教科書　下82〜88ページ　答え　36ページ

知識・技能　　　　　　　　　　　　　　　　　　　　　／20点

1 よく出る マッチぼうを12本ならべて、いろいろな長方形をつくります。

全部できて　1問10点(20点)

① たての本数と横の本数の変わり方を調べます。
次の表を完成させましょう。

つくった長方形のたての本数と横の本数

たての本数（本）	1	2	3	4	5
横の本数　（本）					

② たての本数を○本、横の本数を△本として、○と△の関係を式に表しましょう。

（　　　　　　　　　　　　　）

思考・判断・表現　　　　　　　　　　　　　　　　　／80点

2 よく出る 右の図のように、
直角二等辺三角形をならべて、
たてが1cm、横が1cm、2cm、
3cm、…の四角形をつくります。

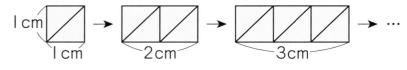

1cm　1cm → 2cm → 3cm → …

全部できて　1問10点(30点)

① 四角形の横の長さと直角二等辺三角形の数の変わり方を調べます。次の表を完成させましょう。

四角形の横の長さと直角二等辺三角形の数

四角形の横の長さ　（cm）	1	2	3	4	5	6
直角二等辺三角形の数（こ）						

② 四角形の横の長さを○cm、直角二等辺三角形の数を△ことして、○と△の関係を式に表しましょう。

（　　　　　　　　　　　　　）

③ 四角形の横の長さが20cmのとき、直角二等辺三角形の数は何こですか。

（　　　　　　　　　　　　　）

❸ 下の表は、水そうに水を入れていったときの水のかさと、水を入れるのにかかった時間を表したものです。

各10点（30点）

水のかさとかかった時間

水のかさ　　　（L）	1	2	3	4
かかった時間（分）	5	10	15	20

① 水のかさとかかった時間の関係を、折れ線グラフにかきましょう。

② 水を5L入れるには、何分かかりますか。

（　　　　　　　　）

③ 30分間水を入れると、水そうに何Lの水がはいりますか。

（　　　　　　　　）

水のかさとかかった時間

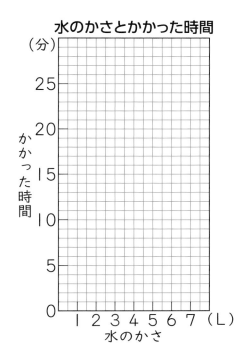

できたらスゴイ！

❹ 右のように、正方形がならぶ形にマッチぼうをおいていきます。

全部できて　1問10点（20点）

① 正方形をふやしていくと、使うマッチぼうの本数はどのように変わっていくかを調べます。

次の表を完成させましょう。

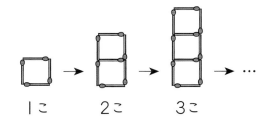

正方形の数とマッチぼうの数

正方形の数　　　（こ）	1	2	3	4	5	6
マッチぼうの数（本）	4					

② 正方形の数が8このとき、マッチぼうは何本いりますか。

（　　　　　　　　）

 **❶** がわからないときは、110ページの **❶** にもどってかくにんしてみよう。

① 直方体と立方体

教科書　下 89〜93 ページ　答え　37 ページ

次の ☐ にあてはまることばや記号をかきましょう。

◎ねらい　**直方体や立方体がどんな形かわかるようにしよう。**　練習①➡

🐾 **直方体**　長方形や、長方形と正方形でかこまれた形

🐾 **立方体**　正方形だけでかこまれた形

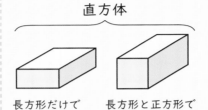

直方体

長方形だけで
かこまれている。

長方形と正方形で
かこまれている。

立方体

正方形だけで
かこまれている。

面　辺
頂点

平面……直方体や立方体の面のように平らな面

1 右のような箱の形の名前を答えましょう。

(1)

(2)

とき方 (1) 長方形だけでかこまれているから、☐ です。

(2) 正方形だけでかこまれているから、☐ です。

◎ねらい　**直方体や立方体のてん開図がわかるようにしよう。**　練習②③➡

🐾 **てん開図**　直方体や立方体などを辺にそって切り開いて、平面の上に広げてかいた図

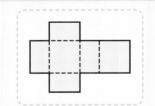

直方体は、たて、横、高さの3つの辺の長さできまります。

2 右のてん開図を組み立てます。
(1) 組み立ててできる箱の形の名前を答えましょう。
(2) 辺ANに重なるのはどの辺ですか。
(3) 頂点Bと重なる頂点をすべてかきましょう。

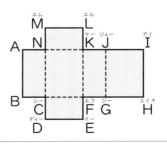

とき方 (1) 長方形だけでかこまれた形になるので、☐ です。

(2) 点線で折って箱を組み立てると、辺ANに重なるのは、辺 ☐ です。

(3) 頂点Bと重なる頂点は、頂点 ☐ と頂点 ☐ です。

教科書　下89〜93ページ　答え　37ページ

1 直方体、立方体について、次の □ にあてはまることばや数をかきましょう。

教科書　90ページ **1**

①　立方体の面の形は、どれも [ア　　　] です。

また、面の数は [イ　　] 、辺の数は [ウ　　] 、頂点の数は [エ　　] です。

②　直方体の面の形は、[ア　　　] か、[イ　　　] と [ウ　　　] です。

また、面の数は [エ　　] 、辺の数は [オ　　] 、頂点の数は [カ　　] です。

2　右の直方体の箱を、赤色の辺にそって切り開いたときにできるてん開図を、下の方がん紙にかきましょう。頂点の記号もかきましょう。

教科書　91ページ **1**

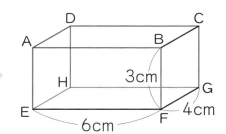

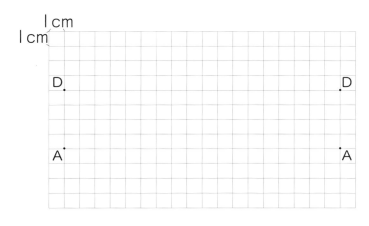

!まちがい注意

3 右の立方体のてん開図を組み立てます。

①　辺GHに重なる辺はどの辺ですか。

（　　　　　　　　　　）

教科書　93ページ **4**・**5**

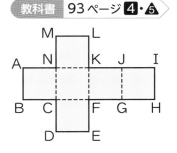

②　頂点 I と重なる頂点をすべてかきましょう。

（　　　　　　　　　　）

 **ヒント**　① 直方体も立方体も面、辺、頂点の数は同じです。

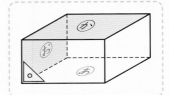
✏ 次の◯にあてはまることばや記号をかきましょう。

◎ねらい 直方体と立方体で面や、辺の平行や垂直がわかるようにしよう。　練習 ①②③→

⭐面と面

　向かいあう面は平行になっています。（かの面とあの面など）

　となりあう面は垂直になっています。（おの面とあの面など）

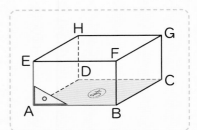

⭐辺と辺

　辺ABと辺DCは平行、辺ABと辺EAは垂直であると

いいます。

⭐面と辺

　あの面と辺EFは平行、辺EAはあの面に垂直であると

いいます。

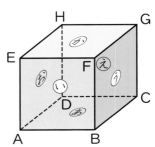

🐾 **見取図**　直方体や立方体などの全体の形がわかるようにかいた図

1 右の立方体を見て、次の面や辺をすべてみつけましょう。

(1)　あの面と垂直な面や平行な面

(2)　辺ABと垂直な辺や平行な辺

(3)　あの面に垂直な辺や平行な辺

とき方 (1)　あの面と垂直な面は、
　　　　　　↳となりあう面

①◯　、②◯　、③◯　、④◯　です。

　また、あの面と平行な面は、⑤◯　です。
　　　　　　　　↳向かいあう面

(2)　辺ABと垂直な辺は、

①◯　、②◯　、③◯　、④◯　です。

　また、辺ABと平行な辺は、

⑤◯　、⑥◯　、⑦◯　です。

(3)　あの面に垂直な辺は、

①◯　、②◯　、③◯　、④◯　です。

　また、あの面に平行な辺は、

⑤◯　、⑥◯　、⑦◯　、⑧◯　です。

★ できた問題には、「た」をかこう！★

でき 1　　でき 2　　でき 3

教科書　下 94〜98 ページ　答え　38 ページ

1 右の図は、立方体の見取図です。

教科書　94 ページ **1**、95 ページ **1**、96 ページ **1**

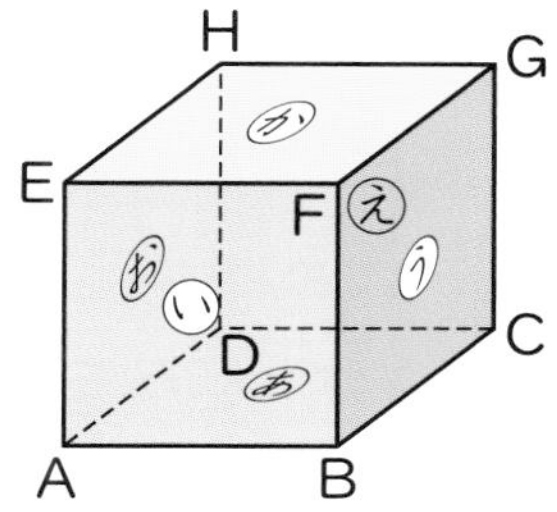

① ⒤の面と垂直な面をすべてかきましょう。

（　　　　　　　　　）

② 辺BCと垂直な辺をすべてかきましょう。

（　　　　　　　　　）

③ 辺AEと平行な辺をすべてかきましょう。

（　　　　　　　　　　　　　）

④ ⒦の面と平行な辺をすべてかきましょう。

（　　　　　　　　　　　　　）

2 右の直方体のてん開図を組み立てます。

教科書　96 ページ **2**

① ⒦の面と平行な面はどれですか。

（　　　　　　　）

② ⒜の面と垂直な面をすべてかきましょう。

（　　　　　　　　　）

③ 辺ABに垂直な面をすべてかきましょう。

（　　　　　　　　　）

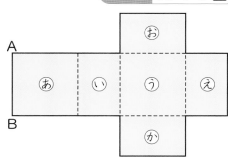

3 下の図の続きをかいて、見取図を完成させましょう。

教科書　97 ページ **1**、98 ページ **2**

①

②

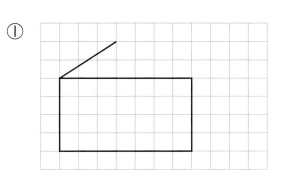

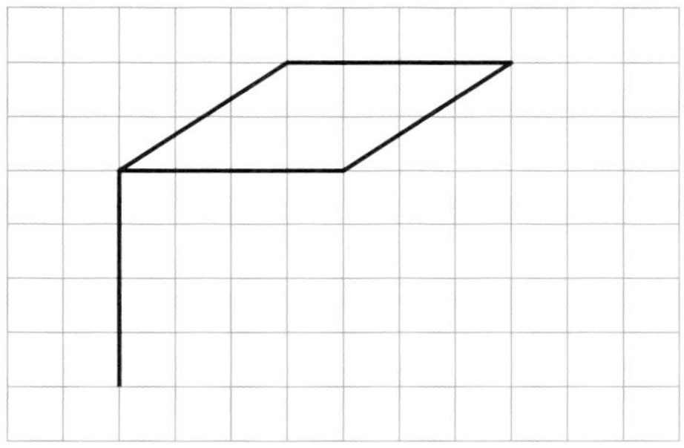

ヒント

2 組み立てたときにとなりあう面、向かいあう面を考えましょう。

3 見取図は見えない辺は点線でかきます。

③ **位置の表し方**

教科書　下 100〜102 ページ　　答え　38 ページ

✎ 次の　　にあてはまる数をかきましょう。

🎯ねらい　平面や空間にあるものの位置を表すことができるようにしよう。　練習 ❶ ❷ ➡

🐾 **平面にあるものの位置の表し方**

右の図で、大川駅前をもとにすると、
市役所の位置は、

市役所(**東 400 m，北 300 m**)

└2つの数の組

と表すことができます。

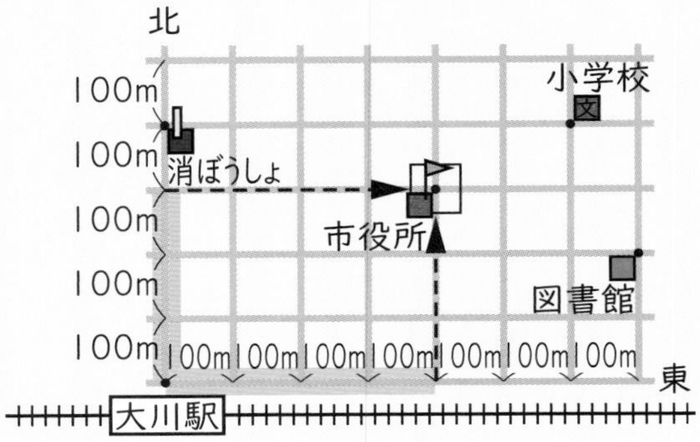

🐾 **空間にあるものの位置の表し方**

右の図で、大川駅前をもとにすると、
地上 25 m の高さにある市役所のはたの位置は、

はた(東 400 m，北 300 m，高さ 25 m)

└3つの数の組

と表すことができます。

1 (1)　上の図で、図書館、小学校、消ぼうしょのある交差点の位置を、大川駅前を
もとにして表しましょう。

(2)　大川駅前の交差点の位置はどう表せばよいですか。

(3)　消ぼうしょには高さ 20 m の火の見やぐらがあります。
火の見やぐらの位置を表しましょう。

とき方 (1)　図書館へは、大川駅前から東へ①　　　　m 行って、

北へ②　　　　m 行くと着くから、

図書館(東③　　　　m，北④　　　　m)

同じように考えて、

小学校(東⑤　　　　m，北⑥　　　　m)

消ぼうしょ(東⑦　　　　m，北⑧　　　　m)

(2)　大川駅前は東にも北にも動かないから、

大川駅前(東①　　　　m，北②　　　　m)

(3)　消ぼうしょの火の見やぐらの位置は、高さをくわえて表せばよいから、

火の見やぐら(東①　　　　m，北②　　　　m，高さ③　　　　m)

教科書　下 100〜102 ページ　答え　38 ページ

1 東西が 1200 m、南北が 1500 m の長方形の土地に、100 m ごとに、図のように、道がつけてあります。
　この土地で、点アをもとにして、いろいろな点の位置について考えます。　教科書　100 ページ **1**、101 ページ **A**

① 点イの位置を表しましょう。

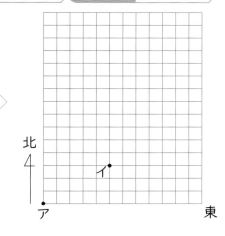

（東　　　　　，北　　　　　）

② 次の点の位置を、上の図にかき入れましょう。
　ウ（東 1200 m，北 100 m）　　　エ（東 200 m，北 1300 m）
　オ（東 0 m，北 500 m）　　　　カ（東 800 m，北 0 m）
　キ（東 900 m，北 900 m）

2 右の直方体で、頂点Ａをもとにして、頂点Ｂ〜Ｈの位置を表しましょう。
　　　教科書　102 ページ **4**・**5**

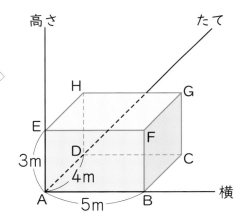

B（横　　　，たて　　　，高さ　　　）

C（横　　　，たて　　　，高さ　　　）

D（横　　　，たて　　　，高さ　　　）

E（横　　　，たて　　　，高さ　　　）

F（横　　　，たて　　　，高さ　　　）

G（横　　　，たて　　　，高さ　　　）

H（横　　　，たて　　　，高さ　　　）

（横，たて，高さ）の順だね。

ヒント　❶ 点イは、点アから東に 500 m、北に 300 m の位置にあります。

121

時間 **30** 分

／100

ごうかく **80** 点

16 直方体と立方体

教科書 下89〜103ページ　答え 39ページ

知識・技能　／70点

1 右のような箱の形があります。　各7点(14点)

① 何という形ですか。

（　　　　　　　　　）

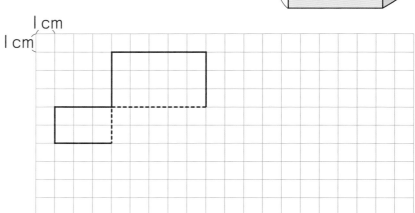

② 右の図の続きをかいて、てん開図を完成させましょう。

1cm
1cm

2 よく出る 右の立方体を見て答えましょう。　各7点(21点)

① ⑰の面に垂直な面はいくつありますか。

（　　　　　　　　　）

② 辺GHに垂直な面はどれですか。すべてかきましょう。

（　　　　　　　　　）

③ 辺EFに平行な辺はどれですか。すべてかきましょう。

（　　　　　　　　　）

3 右の図の続きをかいて、見取図を完成させましょう。

各7点(14点)

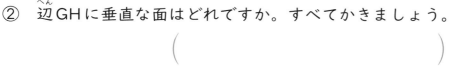

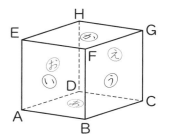

① ②

4 よく出る 右の直方体で、頂点Aをもとにして、次の頂点の位置を表しましょう。

各7点(21点)

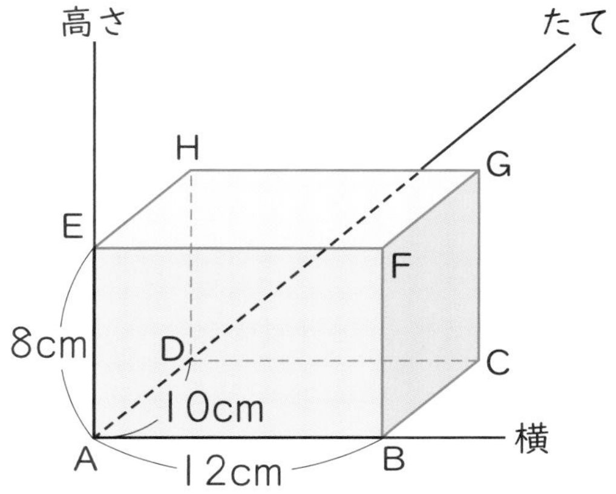

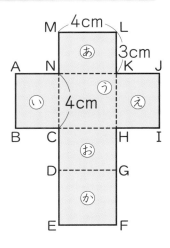

① 頂点B

（横　　　　，たて　　　　，高さ　　　　）

② 頂点F

（横　　　　，たて　　　　，高さ　　　　）

③ 頂点G

（横　　　　，たて　　　　，高さ　　　　）

思考・判断・表現　　　　　　　　　　　　　　　／30点

5 右の図の直方体のてん開図を組み立てます。

各7点(21点)

① 辺DEに重なる辺はどの辺ですか。

（　　　　　　　　　）

② あの面と平行な面はどれですか。

（　　　　　　　　　）

③ 辺EFに垂直な面をすべてかきましょう。

（　　　　　　　　　）

6 下の図のうち、立方体のてん開図として正しくないものをすべて選び、番号で答えましょう。

(9点)

①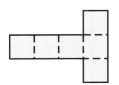

②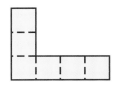

③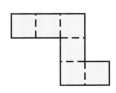

④

⑤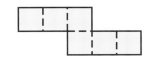

⑥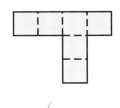

（　　　　　　　　　）

 ふりかえり 1①がわからないときは、116ページの1にもどってかくにんしてみよう。

学びをいかそう

わくわくプログラミング

教科書　下 104〜105 ページ　　答え　39 ページ

1　青マジシャンと赤マジシャンが下のコインをふやすマジックをします。

合図を何回かしたときのコインのまい数を求めるプログラムを、下の命令を組み合わせてつくりましょう。

青マジシャンのコインマジック ◯

1回目の合図で 10 まいになる。

2回目の合図からは、まい数が 4 まいずつふえていく。

赤マジシャンのコインマジック ◯

1回目の合図で 4 まいになる。

2回目の合図からは、まい数が 2 倍になっていく。

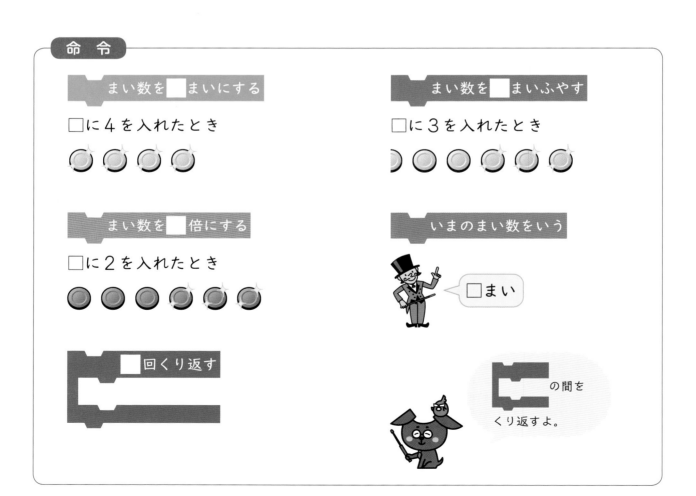

① 青マジシャンと赤マジシャンが、それぞれ合図を4回したときのコインのまい数を求めるプログラムをつくります。

□ にあてはまる数をかき、   にはいる命令を、下のⓐ～ⓔから選びましょう。

青マジシャン

まい数を □ まいにする

③回くり返す

いまのまい数をいう

命令 (   )

赤マジシャン

まい数を □ まいにする

③回くり返す

いまのまい数をいう

命令 (   )

ⓐ まい数を ④ まいふやす

ⓘ まい数を ② まいふやす

ⓤ まい数を ④ 倍にする

ⓔ まい数を ② 倍にする

② 青マジシャンと赤マジシャンが、それぞれ合図を5回したとき、まい数が多くなるのはどちらですか。

(   )

この本の終わりにある「春のチャレンジテスト」をやってみよう!

もうすぐ5年生

数と計算

学習日　　月　　日

時間 20 分

／100

ごうかく 80 点

教科書　下 110 ページ　答え　40 ページ

1 ☐ にあてはまる数をかきましょう。　各4点（12点）

① 1000 億を 38 こ集めた数は

　☐ です。

② 2.897 は、0.001 を

　☐ こ集めた数です。

③ 0.001 を 5602 こ集めた数は

　☐ です。

2 次の計算をしましょう。　各4点（24点）

① 60÷20　② 280÷40

③ 7)98　④ 5)405

⑤ 14)322　⑥ 27)216

3 次の数を、四捨五入で、一万の位までのがい数にしましょう。
また、上から2けたのがい数にしましょう。　各4点（16点）

① 65318

　一万の位まで（　　　　）

　上から2けた（　　　　）

② 796405

　一万の位まで（　　　　）

　上から2けた（　　　　）

4 次の計算をしましょう。　各4点（24点）

① 1.8
　× 3

② 7.2
　×43

③ 3.6
　×50

④ 0.65
　× 14

⑤ 26)88.4

⑥ 34)2.38

5 次の計算をしましょう。　各4点（24点）

① $\frac{5}{7} + \frac{6}{7}$

② $\frac{15}{8} - \frac{7}{8}$

③ $2 - \frac{3}{5}$

④ $1 + \frac{7}{9} + \frac{2}{9}$

⑤ $1\frac{1}{6} + \frac{5}{6}$

⑥ $1\frac{2}{5} - \frac{3}{5}$

1 下の⑭、⑪、⑨の角の大きさをはかりましょう。　各8点(24点)

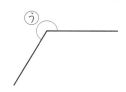

⑭　（　　　　　）　　　⑨　（　　　　　）

⑪　（　　　　　）

2 次の面積を求めましょう。　各6点(12点)

① たて 4cm、横 9cm の長方形

（　　　　　）

② 1辺が 12m の正方形

（　　　　　）

3 □にあてはまる数をかきましょう。　各6点(12点)

① 2m² ＝ □ cm²

② 30000000 m² ＝ □ km²

4 □にあてはまる面積の単位をかきましょう。　各6点(12点)

① 算数の教科書の表紙の面積

460 □

② 大阪府の面積

1905 □

5 次の図で、垂直になっている直線はどれとどれですか。

また、平行になっている直線はどれとどれですか。　各8点(16点)

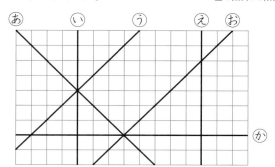

垂直（　　　　　　　　　　　）

平行（　　　　　　　　　　　）

6 右のような平行四辺形があります。　各6点(12点)

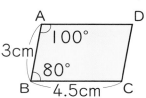

① 辺 AD の長さは何 cm ですか。

（　　　　　）

② 角 C は何度ですか。（　　　　　）

7 右の直方体で、頂点A をもとにしたとき、次の位置にある頂点はどれですか。　各6点(12点)

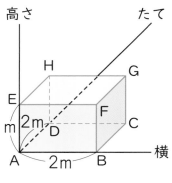

① （横 0m，たて 2m，高さ 1m）

（　　　　　）

② （横 2m，たて 2m，高さ 0m）

（　　　　　）

もうすぐ5年生

変化と関係、
問題の見方・考え方

学習日 　月　　日

時間 **20**分
／100
ごうかく **80**点

教科書　下114ページ　　答え　41ページ

1　下の表は、家から駅まで歩いたときの、1分ごとの駅までの残りの道のりを表したものです。　各15点(30点)

駅までの残りの道のり

時　間(分)	1	2	3	4
道のり(m)	300	250	200	150

①　この表を、折れ線グラフにかきましょう。

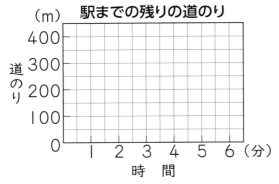

②　6分歩くと、駅までの残りの道のりは何mになりますか。

（　　　　　　　　　）

2　れおさんはえん筆を1ダース(12本)買いました。代金を40円安くしてもらって、1160円はらいました。
　えん筆は、1本何円のねだんがついていましたか。　(20点)

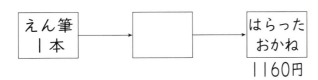

（　　　　　　　　　）

3　しおりさんのクラスの32人について、にんじんとピーマンの好ききらいを調べました。　全部できて　1問15点(30点)

　にんじんがきらいな人…20人
　ピーマンが好きな人　…11人
　両方とも好きな人　　…5人

①　上の結果から下の表を完成させましょう。

好ききらい調べ(人)

にんじん ＼ ピーマン	好き	きらい	合計
好き			
きらい			
合計			

②　にんじんもピーマンもきらいな人は、何人ですか。

（　　　　　　　　　）

4　すいかは1800円で、りんごのねだんの6倍です。りんごのねだんは、みかんのねだんの2倍です。
　みかんは何円ですか。
　式・答え　各10点(20点)

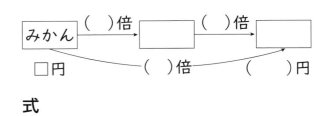

式

答え（　　　　　　　　　）

夏のチャレンジテスト

教科書　上10〜101ページ　　◎用意するもの…ものさし

名前

月　日

時間
40分

こうかく80点
／100

答え**42**ページ

知識・技能　　　　　　　　　　　　　　／60点

1　**数字でかきましょう。**　　　　　　各2点(6点)

① 1億を5こ、1万を208こあわせた数

（　　　　　　　　　　）

② 1000万を47こ集めた数

（　　　　　　　　　　）

③ 6000万を10倍した数

（　　　　　　　　　　）

2　**次の◻︎にあてはまる数をかきましょう。**

全部できて　1問3点(12点)

① 3.584は1を◻︎こ、◻︎を

5こ、0.01を◻︎こ、◻︎を

4こあわせた数です。

② 5.193は0.001を◻︎に集めた数です。

③ 0.001を4572こ集めた数は◻︎です。

④ 8.56を10でわると◻︎です。

3　**下のあ、いの角の大きさを求めましょう。**

各3点(6点)

① 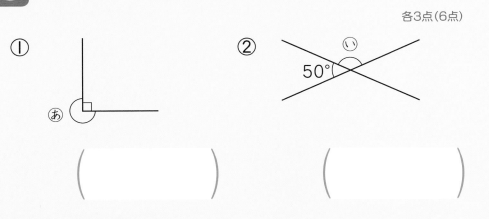 ②

（　　　　　　）（　　　　　　）

4　**下の図に辺を1本かき、四角形をつくりましょう。また、できた四角形の名前をかきましょう。**

全部できて　1問2点(6点)

①　　　　②　　　　③

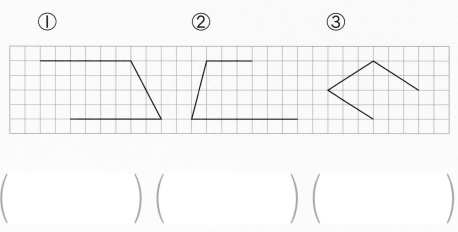

（　　　　）（　　　　）（　　　　）

5　**次のわり算をしましょう。**　各3点(12点)

① 6)84　　　② 3)73

③ 8)944　　　④ 9)310

6　**次の計算をしましょう。**　各3点(12点)

①　8.25
　+1.78

②　7.69
　+2.01

③　5.37
　−2.49

④　6
　−1.64

---

7 下の図1のような、形も大きさも同じ台形をならべて、図2のように、すきまなくしきつめていきます。

方がんを使ってできるもようの続きを図2にかきましょう。 (6点)

図１

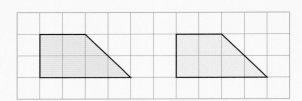

図２

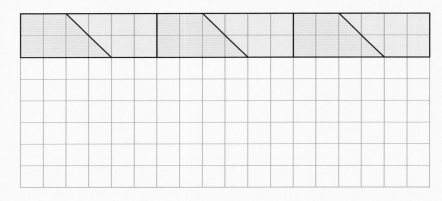

8 0から9までの数字をそれぞれ１回ずつ使って、10けたの整数をつくります。

いちばん大きい整数と、いちばん小さい整数をかきましょう。 各4点(8点)

いちばん大きい整数

（　　　　　　　　　　　　　）

いちばん小さい整数

（　　　　　　　　　　　　　）

9 白玉8この重さは592g、赤玉6この重さは390gです。

１こ分の重さは、どちらがどれだけ重いですか。 式・答え 各4点(8点)

式

答え（　　　　　　　　　　　　　）

10 １組の三角じょうぎを使って、㋐、㋑の角をつくりました。

それぞれ何度ですか。 各3点(6点)

① 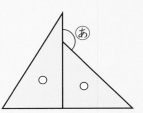　　②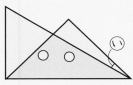

（　　　　　　　）　　（　　　　　　　）

11 下の図①、②の2つの直線は、それぞれある四角形の対角線を表しています。

それぞれどんな四角形ですか。

四角形の名前をかきましょう。 各3点(6点)

① 　　②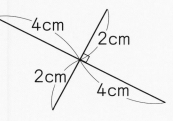

（　　　　　　　）　　（　　　　　　　）

12 下の表と折れ線グラフは、ある週の月曜日から金曜日まで、あかねさんの学校の教室の室温を表したものです。 各4点(12点)

学校の教室の室温

曜　日	月	火	水	木	金
室温(度)	㋐	18	㋑	16	20

① 表の㋐、㋑にあてはまる数をかきましょう。

㋐（　　　　　）

㋑（　　　　　）

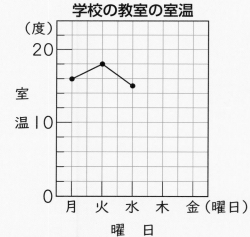

② グラフの続きをかきましょう。

冬のチャレンジテスト

教科書 上102〜下57ページ

名前

月　日

時間 **40**分

ごうかく80点 ／100

答え44ページ

知識・技能 ／60点

1 次の □ にあてはまる数をかきましょう。
各3点(9点)

① 7m² = □ cm²

② 5km² = □ m²

③ 1a = □ m²

2 次の面積を求めましょう。
各3点(9点)

① たて6m、横4mの長方形の部屋の面積
(　　　　　)

② はば50cm、長さ3mの長方形の板の面積
(　　　　　)

③ 東西2km、南北15kmの長方形の形をした土地の面積
(　　　　　)

3 次の数を、四捨五入で、一万の位までのがい数にしましょう。
また、上から2けたのがい数にしましょう。
各2点(8点)

① 58325

一万の位まで (　　　　　)

上から2けた (　　　　　)

② 17628300

一万の位まで (　　　　　)

上から2けた (　　　　　)

---

4 次の □ にあてはまる数をかきましょう。
各2点(4点)

① □ + 38 = 70

② □ × 8 = 96

5 次の計算をしましょう。
各2点(8点)

① 630 ÷ 90　　② 500 ÷ 50

③ 19)1235

④ 32)3808

6 商とあまりを求めて、答えのたしかめもしましょう。
答え 各3点・たしかめ 各2点(10点)

① 300 ÷ 70

たしかめ (　　　　　　　　　　　　)

② 16)134

たしかめ (　　　　　　　　　　　　)

7 次の計算をしましょう。　　　各3点（12点）

①
```
  4.8
×   4
```

②
```
  0.58
×   23
```

③
```
6)22.8
```

④
```
17)1.02
```

8 １箱に、チョコレートをたてに３こ、横に３こならべて入れます。
チョコレート72こでは、箱は何箱いりますか。
（　）を使って、１つの式にかいて求めましょう。

式・答え　各3点（6点）

式

答え（　　　　　　　）

9 くふうして、次の計算をしましょう。
くふうした式と答えをかきましょう。

式・答え　各3点（12点）

① 5+38+95

式

答え（　　　　　　　）

② 102×45

式

答え（　　　　　　　）

10 青、白、赤の３本のテープがあります。　各4点（8点）

① 白のテープの長さ20cmの３倍が赤のテープの長さです。赤のテープの長さは何cmですか。

（　　　　　　　）

② 青のテープの長さの４倍が赤のテープの長さです。青のテープの長さは何cmですか。

（　　　　　　　）

11 色がぬってある部分の面積をくふうして求めましょう。　各4点（8点）

①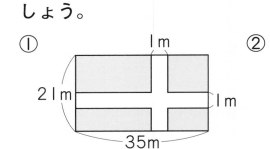

②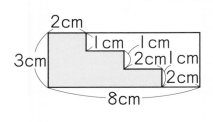

（　　　　　）　（　　　　　）

12 １本が15.6mのひもがあります。　各3点（6点）

① このひも４本分の長さは何mになりますか。

（　　　　　　　）

② もとのひもを３mずつに切ると、３mのひもは何本できますか。

（　　　　　　　）

春のチャレンジテスト

名
前

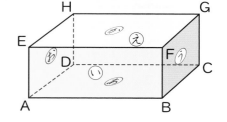

時間
40分

ごうかく80点
／100

答え**46**ページ ▶

知識・技能　　　　　　　　　　　　　／80点

1 次の仮分数を整数か帯分数に、帯分数を仮分数に、なおしましょう。

各3点(12点)

① $\dfrac{9}{2}$　　　　　② $\dfrac{32}{4}$

(　　　　　)　　　(　　　　　)

③ $2\dfrac{3}{5}$　　　　④ $3\dfrac{2}{7}$

(　　　　　)　　　(　　　　　)

2 下の数直線で、㋐、㋑にあたる分数を帯分数と仮分数でかきましょう。

各3点(12点)

㋐ 帯分数(　　　　)　　仮分数(　　　　)

㋑ 帯分数(　　　　)　　仮分数(　　　　)

3 1辺の長さが4cmの立方体の見取図の続きをかきましょう。

また、この立方体のてん開図の続きをかきましょう。

各2点(4点)

① 見取図

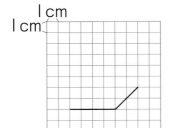

② てん開図

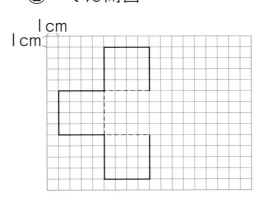

---

4 右の直方体について、次の□にあてはまることばや記号をかきましょう。

各3点(12点)

① ㋐の面と㋑の面は

□ であるといいます。

② ㋐の面と平行な面は □ の面です。

③ 辺EHと辺FGは □ であるといいます。

④ 辺ABと辺FBは □ であるといいます。

5 右の図形を形と色で分けます。

全部できて 1問4点(12点)

① 下の表に整理しましょう。

図形の形と色調べ(こ)

形＼色	赤	青	合計
○			
△			
⬡			
合計			

② ○と△ではどちらが多いですか。

(　　　　　)

③ 赤色の△は青色の⬡より何こ多いですか。

(　　　　　)

6 次の計算をしましょう。 各3点(24点)

① $\dfrac{4}{3}+\dfrac{7}{3}$

② $\dfrac{7}{5}+\dfrac{3}{5}$

③ $1\dfrac{1}{5}+\dfrac{3}{5}$

④ $3-\dfrac{3}{8}$

⑤ $1\dfrac{5}{7}+\dfrac{4}{7}$

⑥ $2+\dfrac{2}{6}+\dfrac{4}{6}$

⑦ $1\dfrac{4}{7}-\dfrac{6}{7}$

⑧ $1-\dfrac{1}{8}-\dfrac{3}{8}$

7 右の直方体で、頂点Aをもとにして、次の頂点の位置を表しましょう。 各2点(4点)

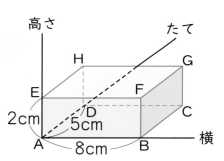

① 頂点C $\left(\text{横}\qquad,\text{たて}\qquad,\text{高さ}\qquad\right)$

② 頂点H $\left(\text{横}\qquad,\text{たて}\qquad,\text{高さ}\qquad\right)$

---

8 黒いご石を、下の図のように正方形の形にならべていきます。 全部てきて 1問4点(12点)

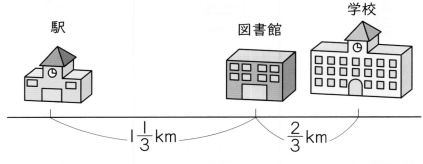

① 1つの辺にならべるご石の数が2こ、3こ、4こ、5このときの全部のご石の数は何こですか。
下の表にかきましょう。

1つの辺の数と全部の数

1つの辺の数（こ）	2	3	4	5
全部の数　　（こ）				

② 1つの辺のご石の数が10このとき、全部のご石の数は何こになりますか。

$\left(\qquad\qquad\right)$

③ 全部のご石の数が44このとき、1つの辺のご石の数は何こになりますか。

$\left(\qquad\qquad\right)$

9 図書館から西へ$1\dfrac{1}{3}$kmのところに駅があり、東へ$\dfrac{2}{3}$kmのところに学校があります。

式・答え 各2点(8点)

① 図書館から学校までは、図書館から駅までより何km近いですか。

式

答え $\left(\qquad\qquad\right)$

② 駅から学校までは、何kmありますか。

式

答え $\left(\qquad\qquad\right)$

4年 算数のまとめ 学力しんだんテスト

名前

月　日

時間 **40**分

ごうかく80点　／100

 答え48ページ

1 次の数を数字で書きましょう。 各2点(4点)

① 10億を5こ、1000万を2こあわせた数

(　　　　　　　　)

② 1億を10000倍した数

(　　　　　　　　)

2 次の計算をしましょう。②は商を一の位まで求めて、あまりもだしましょう。⑥はわり切れるまで計算しましょう。 各2点(20点)

① 39)117　　　② 17)436

③ 2.58 + 1.46　　　④ 5.31 − 4.67

⑤ 3.7 × 29　　　⑥ 24)8.4

⑦ $\frac{5}{7} + \frac{4}{7}$　　　⑧ $1\frac{4}{5} + \frac{2}{5}$

⑨ $\frac{11}{8} - \frac{5}{8}$　　　⑩ $1\frac{1}{4} - \frac{2}{4}$

3 1組と2組で、いちごとみかんのどちらが好きかを調べたら、下の表のようになりました。①～③にあてはまる数を書きましょう。 各2点(6点)

	いちご	みかん	合計
1組	①	②	14
2組	③	11	19
合計	17	16	33

4 次の問題に答えましょう。 式・答え 各2点(8点)

① たて20m、横30mの長方形の花だんの面積は何m²ですか。

式

答え (　　　　　　　　)

② 1辺が500mの正方形の土地の面積は何haですか。

式

答え (　　　　　　　　)

5 次のあ、い、うの角はそれぞれ何度ですか。 各2点(6点)

あ (　　　　　　　　)

い (　　　　　　　　)

う (　　　　　　　　)

6 次のせいしつにあてはまる四角形を、□□□のあ～おからすべて選んで、記号で答えましょう。 全部できて 各3点(9点)

① 向かい合った2組の辺が平行である。

(　　　　　　　　)

② 向かい合った2組の角の大きさが等しい。

(　　　　　　　　)

③ 2つの対角線の長さが等しい。

(　　　　　　　　)

あ 長方形　　　い 正方形　　　う 台形
え 平行四辺形　　　お ひし形

7 右の立方体のてん開図を組み立て
たときの形について答えましょう。

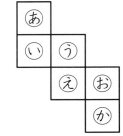

全部できて　各3点(6点)

① あの面と平行な面はどれですか。

（　　　　　　　）

② おの面に垂直な面はどれですか。

（　　　　　　　）

8 次の計算をしましょう。　各2点(6点)

① 40＋15÷3　　　② 72÷(2×4)

③ 9×(8−4÷2)

9 下の図のように、１辺が１cm の正方形の紙をな
らべて、順に大きな正方形をつくっていきます。だん
の数とまわりの長さの変わり方を調べましょう。

①全部できて　3点、②2点、③式・答え　各3点(11点)

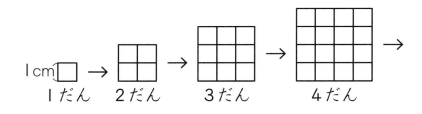

1cm□ → 2だん → 3だん → 4だん →

① 表のあいているところに数を書きましょう。

だんの数 （だん）	1	2	3	4	5	6	7	
まわりの長さ （cm）	4							

② だんの数を○だん、まわりの長さを△cmとし
て、○と△の関係を式に書きましょう。

（　　　　　　　）

③ だんの数が9だんのとき、まわりの長さは何 cm
になりますか。

式

答え（　　　　　　　）

活用力をみる

10 はるとさんは、１日に 2300 m の道のりを、１年
間で 192 日走ることにしました。１年間で走る道の
りを電たくで計算すると、44160 m になりました。

これを見て、はるとさんは、電たくをおしまちがえ
たことに気がつきました。どのように考えてまちがい
に気がついたのか、次の□にあてはまる数やことばを
書いて答えましょう。　各3点(18点)

2300 を上から１けたのがい数になおすと、

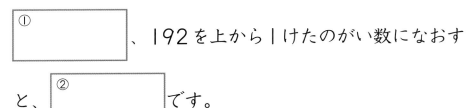

、192 を上から１けたのがい数になおす

と、②　　　　　　　です。

これを計算すると、

で、

44160 とくらべると ⑥　　　　　　　ので、

2300 を 230 とおしまちがえたと考えられます。

11 あおいさんの話をよんで、あとの問題に答えま
しょう。　各3点(6点)

水そうに水を入れていたとき、
とちゅうで6分間水をとめたよ。

あおい

① 下のあ、いのうち、あおいさんの話に合う折れ線
グラフを選びましょう。

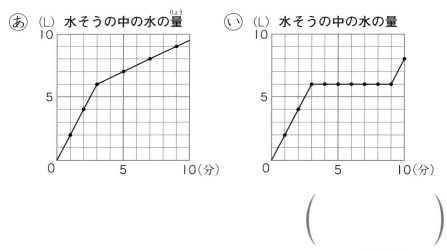

（　　　　　　　）

② ①のグラフを選んだのはなぜですか。説明しま
しょう。

（　　　　　　　）

教科書ぴったりトレーニング
答えとてびき
啓林館版　算数4年

おうちのかたへ では、次のようなものを示しています。
・学習のねらいやポイント
・他の学年や他の単元の学習内容とのつながり
・まちがいやすいことやつまずきやすいところ
お子様への説明や、学習内容の把握などにご活用ください。

しあげの5分レッスン では、
学習の最後に取り組む内容を示しています。
学習をふりかえることで学力の定着を図ります。

答え合わせの時間短縮に 丸つけラクラク解答 **デジタルもご活用ください！**

右の QR コードをスマートフォンなどで読み取ると、
赤字解答の入った本文紙面を見ながら簡単に答え合わせができます。

丸つけラクラク解答デジタルは以下の URL からも確認できます。
https://www.shinko-keirinwebshop.com/shinko/2024pt/rakurakudegi/MKR4da/index.html

※丸つけラクラク解答デジタルは無料でご利用いただけますが、通信料金はお客様のご負担となります。
※QR コードは株式会社デンソーウェーブの登録商標です。

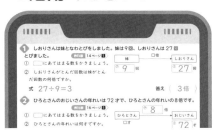

1 一億をこえる数

ぴったり1 じゅんび　2ページ

1 九兆四千三百五十七億六百二十一万八千
2 5、8、58
3 ①5000億　②5兆　③50億　④5億

おうちのかたへ 大きな数を読むときは、右から4けたごとに ┊ などの印をかいてから読むようにさせましょう。

ぴったり2 練習　3ページ

てびき

1 ①八億三千四十五万七百九十
　②十兆五十六億二万八千四百三

2 ①6740200000
　②13080000000000

3 ①800700000
　②3000600000000
　③4000000000000

4 ①⑦200億　②2000億　⑦2億　④2000万
　②⑦70兆　④700兆　⑦7000億
　　④700億

5 999876543210

1 右から順に4けたごとに区切ってよみます。

2 ①67億4020万を数字でかきます。
　67|4020|0000

3 ③ 　1000 0000 0000
　4 0000 0000 0000

4 10倍するごとに位が1つずつ上がります。
　10でわるごとに位が1つずつ下がります。

5 10この数字をすべて使うので、いちばん大きい
　12けたの整数をつくるときは、
　999 ｜0〜8の数字を大きい順にならべる｜

1 ①100 ②100 ③10000（1万） ④7980000（798万）

2 ①710 ②50552

てびき

1 ①71億 ②15兆

2 ①19040000（1904万）

　②1904万

　③1904億

　④1904兆

3 ①26264 ②20046 ③104521
　④48824 ⑤56916 ⑥353910

4 ①1248000 ②2080000

---

1 ①1億が71こで71億

　②1兆が15こで15兆

2 ①5600×3400＝56×34×10000

　②56万×34＝（56×34）万

　③1万×1万＝1億だから、
　　56万×34万＝（56×34）億

　④1億×1万＝1兆だから、
　　56億×34万＝（56×34）兆

3
①　　　49
　　×536
　　──────
　　　294
　　147
　245
　──────
　26264

②　　　78
　　×257
　　──────
　　　546
　　390
　156
　──────
　20046

③　　127
　　×823
　　──────
　　　381
　　254
　1016
　──────
　104521

④　　136
　　×359
　　──────
　　1224
　　680
　408
　──────
　48824

⑤　　527
　　×108
　　──────
　　4216
　527
　──────
　56916

⑥　　705
　　×502
　　──────
　　1410
　3525
　──────
　353910

4 筆算するとき、くふうしましょう。

①　4800　　×100　　　48
　×260　　 ×10　　×26
　────　　　　　　　────
　288　　　　　　　288
　96　　　　　　　 96
　──────　×1000　────
　1248000　　　　1248

②　650　　×10　　　65
　×3200　　×100　　×32
　────　　　　　　　────
　130　　　　　　　130
　195　　　　　　　195
　──────　×1000　────
　2080000　　　　2080

🏠 **おうちのかたへ** かけ算の筆算では、縦にきれいに数字が並ぶように書くことを指導しましょう。

⏰ **しあげの5分レッスン** かけられる数やかける数に0がついているかけ算では、筆算の数字のかく場所や、答えの0のこ数などに注意しよう。

左段

1 ①七百三億四十万百八
②四兆九千三百七十億六百十八万千二百五十一

2 ①270360000
②50089000000000

3 ①10兆400億(10040000000000)
②5億(500000000)

4 ⑤10億　⑥170億　⑦250億　⑧320億

5 ①⑦20万　⑦200万　⑦2億　⑦20億
②⑦6億　⑦60億　⑦6000億　⑦6兆

6 ①67億　②29兆

7 ①58560　②184758　③135675

8 5012346789

9 ①7740000(774万)　②774兆

10 1976000

右段

1 ②4|9370|0618|1251
　　兆　　億　　万

2 ②50兆890億だから、
　　50|0890|0000|0000

3 ①1兆を　10こ…10兆
　　1億を400こ…400億
　　あわせて　　10兆400億
②　　1000 0000
　　5 0000 0000

4 0と100億の間に10の目もりがあるから、
1目もりは10億です。

5 どんな数でも、各位の数字は、10倍するごとに
位が1つずつ上がります。
また、10でわるごとに位が1つずつ下がります。

6 ①1億が(38+29)こで、67億です。
②1兆が(104−75)こで、29兆です。

7 ①　　　64
　　×915
　　　320
　　　64
　　576
　　58560
②　　371
　　×498
　　2968
　　3339
　　1484
　　184758
③　　225
　　×603
　　675
　　1350
　　135675

8 50億より大きい整数で、50億にいちばん近い
整数は、5012346789です。
50億より小さい整数で、50億にいちばん近い
整数は、4987653210です。
どちらが50億に近い整数かを考えます。

9 ②1億×1万＝1兆だから、
43億×18万＝(43×18)兆

10 52×38の筆算を使います。
　　5200
　×380
　　416
　156
　1976000

② 折れ線グラフ

ぴったり1 じゅんび 8 ページ

1 (1)時こく、気温 (2)1、14 (3)10、11
(4)11、12 (5)2、3

ぴったり2 練習 9 ページ
てびき

1 ①午後2時で、23度
②午前9時で、16度

2 ①午前9時から午前11時までの間、
午後1時から午後2時までの間
②同じ。（変わらない。）
③午後2時から午後3時の間
④午前9時から午前10時までの間

2 ①気温が上がっているのは、線が右上に上がって
いるところです。
②線は横にまっすぐです。
③午前11時から午前12時までの間では1度、
午後2時から午後3時までの間では4度下がっ
ています。線のかたむきをくらべてもよいです。

おうちのかたへ 新聞の記事などでも折れ線グラフが使われていることがあります。身のまわりにある折れ線グラフから、どのようなことが読み取れるか話し合ってみるのもよいでしょう。

しあげの5分レッスン 折れ線グラフを見るときには、たてのじくの1目もりが何を表しているのかに注意しよう。

ぴったり1 じゅんび 10 ページ

1 1日の気温、度

2
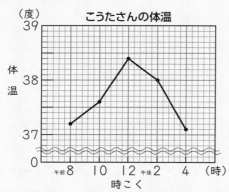

おうちのかたへ 折れ線グラフをかくときには、目もりをつけながら点をうつなど、複数の工程を同時に行わないようにしましょう。目もりと単位をすべて書き終わってから点をうち、点をすべてうち終わってから直線でつなぐなど、1つずつの工程を確実に終わらせるようにすると、ミスを減らすことができます。

ぴったり2 練習 11 ページ
てびき

1
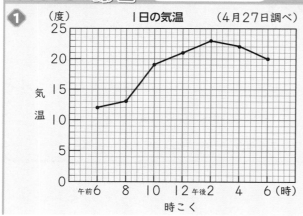

1 たてのじくの1目もりは1度です。

おうちのかたへ 折れ線グラフをかくときには、ものさしを使って直線をかくことを徹底させましょう。

②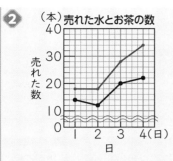

② まず、売れた水の数をよみます。｜日から順に、｜4本、｜2本、20本、22本です。
答えをかくグラフのたてのじくの｜目もりは2本です。

③ ①2月で、6度
②6月で、220 mm

③ ②こう水量を見るときは、折れ線グラフではなく、ぼうグラフを見ることに注意しましょう。

ぴったり3 たしかめのテスト　12～13ページ　てびき

① ①｜度

②
時こく　　（時）	午前6	8	｜0	｜2	午後2	4
地面の温度（度）	｜2	｜4	｜9	20	2｜	｜7

③午前8時から午前｜0時までの間

① ①たてのじくの単位は「度」です。
③午前6時から午前8時までの間では2度、
午前8時から午前｜0時までの間では5度、
午前｜0時から午前｜2時までの間と午前｜2時から午後2時までの間ではどちらも｜度上がっています。表の数や、線のかたむきをくらべてもよいです。

②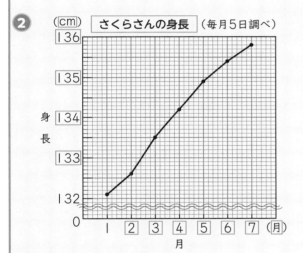

② たてのじくの｜目もりは0.｜cm です。

③ ①正しくない。
②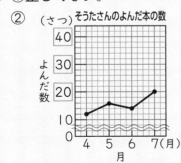

③ ①6月から7月までの間で、よんだ本がどれだけふえたかを調べると、
・そうたさん…20－｜4＝6で、6さつ
・あおいさん…28－20＝8で、8さつ
だから、あおいさんのほうが、ふえ方は大きいです。
②2つのグラフの｜目もりが表す大きさをそろえます。たてのじくの｜目もりは、そうたさんが｜さつ、あおいさんが2さつを表しているので、そうたさんのグラフの｜目もりの大きさを2さつにして、つくりなおします。

④ ①｜月、6月、7月
②26度
③480 mm

④ ②28－2＝26（度）
③180＋170＋130＝480（mm）

③ 1けたでわるわり算の筆算

ぴったり1 じゅんび 　14ページ

1 ①1　②9　③36

2 4、16、1

ぴったり2 練習 　15ページ　　　　　　　　　　　　　　　　　　　　　　**てびき**

❶
①
```
   14
3)42
   3
  12
  12
   0
```
②
```
   26
3)78
   6
  18
  18
   0
```
③
```
   45
2)90
   8
  10
  10
   0
```

❷ 答え、たしかめの順に、
①13あまり1、6×13+1=79
②12あまり3、4×12+3=51
③14あまり2、5×14+2=72
④30あまり2、3×30+2=92

❸ ①31　②40　③31あまり1

❹ 式　62÷3=20あまり2
　答え　20人に分けられて、2まいあまる。

❶ 「たてる」「かける」「ひく」「おろす」の順に計算
します。
おろすものがなくなると、おわりです。

❷
①
```
   13
6)79
   6
  19
  18
   1
```
②
```
   12
4)51
   4
  11
   8
   3
```
③
```
   14
5)72
   5
  22
  20
   2
```
④
```
   30
3)92
   9
   2
   0
   2
```
←省いてもよいです。

❸
①
```
   31
3)93
   9
   3
   3
   0
```
②
```
   40
2)80
   8
   0
   0
   0
```
←省いても
よいです。
③
```
   31
2)63
   6
   3
   2
   1
```

❹ あまりのあるわり算では、必ず答えのたしかめを
しましょう。3×20+2=62

🏠 おうちのかたへ 商の一の位に0がたつ筆算では、商の一の位に0を書き忘れることがあるので、とくに注意するようにアドバイスしましょう。

⏰ しあげの5分レッスン あまりのあるわり算では、あまりはわる数より小さくなるよ。答えを求めたら、あまりがわる数より小さくなっているかかくにんしよう。

ぴったり1 じゅんび 　16ページ

1 ①108　②4　③48　④20　⑤2　⑥25

2 10、2、12

❶ ①238　②127　③254 あまり 1

❷ ①107　②205　③208 あまり 2
　　④32　⑤27　⑥68 あまり 2
　　⑦75 あまり 4　⑧90 あまり 1
　　⑨80 あまり 4

❸ ①14　②22　③23　④12　⑤29　⑥18

❶

① 　　238
　3)714
　　 6
　　 11
　　　9
　　 24
　　 24
　　　0

② 　　127
　6)762
　　 6
　　 16
　　 12
　　 42
　　 42
　　　0

③ 　　254
　2)509
　　 4
　　 10
　　 10
　　　9
　　　8
　　　1

❷

① 　　107
　7)749
　　 7
　 [4]
　 [0]
　 49
　 49
　　0

② 　　205
　3)615
　　6
　[1]
　[0]
　15
　15
　　0

③ 　　208
　4)834
　　8
　[3]
　[0]
　34
　32
　　2

④ 　　32
　6)192
　　18
　　12
　　12
　　　0

⑤ 　　27
　9)243
　　18
　　63
　　63
　　　0

⑥ 　　68
　4)274
　　24
　　34
　　32
　　　2

⑦ 　　75
　5)379
　　35
　　29
　　25
　　　4

⑧ 　　90
　3)271
　　27
　　　1
　[0]
　[1]

⑨ 　　80
　7)564
　　56
　　　4
　[0]
　[4]

[　]の計算は省いてもよいです。

❸ ①二一が2で、10
　　　二四が8で、　4
　　　あわせて　　14

❶ ①16　　②29 あまり 1　　③135
　　④391 あまり 1　　⑤106　　⑥207 あまり 2
　　⑦17　　⑧80 あまり 2

❷ 答え、たしかめの順に、
　　①31 あまり 2、3×31+2=95
　　②19 あまり 2、4×19+2=78
　　③93 あまり 5、6×93+5=563
　　④80 あまり 6、9×80+6=726

❶

① 　　16
　6)96
　　6
　　36
　　36
　　0

④ 　　391
　2)783
　　6
　　18
　　18
　　　3
　　　2
　　　1

⑦ 　　17
　6)102
　　6
　　42
　　42
　　0

❷

① 　　31
　3)95
　　9
　　5
　　3
　　2

④ 　　80
　9)726
　　72
　　6
　[0]
　[6]
　　← 省いても
　　　よいです。

③ ①23 ②13 ③14 ④46

④ ①正しい計算　　　②正しい計算

```
      13
  6)  80
      6
      20
      18
       2
```

```
        82
   3) 246
      24
       6
       6
       0
```

たしかめ　　　　　たしかめ

$6 \times 13 + 2 = 80$　　　$3 \times 82 = 246$

⑤ 式　$795 \div 6 = 132$ あまり 3

　　　答え　132 箱できて、3 こあまる。

⑥ ①1、2　②1、2、3、4

③ ①三二が6で、20

　　　三三が9で、　3

　　　あわせて　　23

④ ①あまりがわる数より大きいのがまちがいです。商を1つ大きくします。

②商の8のたつ位がまちがいです。商は十の位からたちます。

⑥ （3けた）÷（1けた）の計算では、わられる数の百の位の数のほうが、わる数より小さいときに商が2けたになります。

おうちのかたへ　わる数が2けたのわり算については、「7. 2けたでわるわり算の筆算」で学習します。1けたでわるわり算の筆算の学習内容を理解していないと、2けたでわるわり算の筆算の理解も困難になります。本単元の内容をきちんとマスターしてから、次の学習に進むようにしてください。

④ 角とその大きさ

ぴったり1　じゅんび　20ページ

１ ①0　②60　③130

２ ①30　②75　③90　④135

ぴったり2　練習　21ページ　　　　　てびき

❶ ⓐ80°　ⓘ115°　ⓤ40°

❶ ⓘのように辺の長さが短いときは、辺をのばしてはかりましょう。ⓤは向きが反対なので、分度器の外側の目もりをよみましょう。

おうちのかたへ　角の大きさをはかるときは、分度器の中心を角の頂点にぴったりあわせることに注意させましょう。

❷ ⓐ105°　ⓘ60°

❷ ⓐ60°＋45°＝105°

ⓘ90°−30°＝60°

おうちのかたへ　三角定規の角の大きさの組み合わせ(30°、60°、90°)、(45°、45°、90°)は重要なので、しっかりと覚えさせるようにしましょう。

❸ ⓐ120°　ⓘ60°　ⓤ120°

❸ ⓐ、ⓤ180°−60°＝120°

ⓘ180°−120°＝60°

しあげの5分レッスン　角の大きさをはかる前には、直角より大きいか小さいか、見当をつけてからはかるようにしよう。

ぴったり1 じゅんび　22ページ

1 ①40　②220　③140　④220

2 0、60

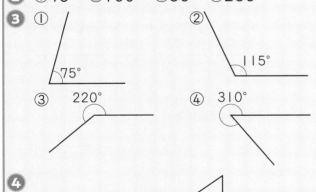

ウ

60°

ア　　　　　　　イ

> **おうちのかたへ** 角をかくときにも、分度器の中心を点アにぴったりあわせることに注意させましょう。

ぴったり2 練習　23ページ てびき

1 ①225°　②210°　③330°　④300°

2 ①

70°

② 240°

3

40°　　　60°

5cm

> **しあげの5分レッスン** 180°より大きい角をはかったりかいたりする考え方は2とおりあるよ。両方の考え方でできるようになっておこう。

1 ①180°+45°か360°-135°で求めます。
　③180°+150°か360°-30°で求めます。

2 ②180°より60°大きい角と考えてかくか、
　　360°より120°小さい角と考えてかきます。

3 5cmの辺をかいてから、40°の角と60°の角をかきます。

ぴったり3 たしかめのテスト　24〜25ページ てびき

1 ①90°　②180°　③360°

2 ①45°　②100°　③50°　④280°

3 ①

75°

②

115°

③ 220°

④ 310°

4

35°

5cm

5 ⓐ45°　ⓘ120°　ⓤ120°

2 ④180°+100°か360°-80°で求めます。

3 ③180°より40°大きい角と考えてかくか、
　　360°より140°小さい角と考えてかきます。
　④180°より130°大きい角と考えてかくか、
　　360°より50°小さい角と考えてかきます。

> **おうちのかたへ** かいた角の大きさの誤差が大きいときは、分度器を正しく使えているか確認しましょう。

4 5cmの辺をかいてから、35°の角と90°の角をかきます。

5 ⓐ90°-45°=45°
　ⓘ180°-60°=120°
　ⓤ90°+30°=120°

9

⑥ ①120° ②300°

⑥ 1回転の角の大きさが360°であることから考えます。360°÷12＝30°より、長いはりは5分で30°まわります。
①30°×4＝120°
②10分から20分の間の角は、30°×2＝60°だから、360°－60°＝300°

⑦
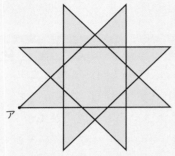
ア

⑦ 45°の角をかくときに、どちらの方向に曲がればよいかに注意しましょう。

⏱しあげの5分レッスン まちがえた問題をもう1回やってみよう。

❺ 垂直・平行と四角形

ぴったり❶ じゅんび　26ページ

❶ ⓛ、せ（せ、ⓛでもよい。）
❷ 垂直、く、く

ぴったり❷ 練習　27ページ　てびき

❶ ⓘ　ⓦ

❷ ⓦ　エ

❸ ⑦、ⓦ

❹ 7cm

❶ 三角じょうぎの直角のところを使って調べましょう。

❷ 2本の直線が交わっていなくても、直線をのばしたときに交わってできる角が直角になれば、この2本の直線は垂直であるといいます。

❸ 2本の直線あといが1本の直線に垂直であれば、直線あといは平行になります。

❹ 3＋4＝7（cm）

⏱しあげの5分レッスン 「垂直」と「直角」の使い方に気をつけよう。「垂直」は2本の直線の交わり方を表すことばで、「直角」は90°を表すことばだよ。

ぴったり❶ じゅんび　28ページ

❶ ①垂直　②3　③平行　④3
❷ ①Ⓤ　②⓮（①⓮　②Ⓤでもよい。）　③ⓞ
　　④Ⓤ　⑤⓮（④⓮　⑤Ⓤでもよい。）

❶ ①  ②

❷ ①  ②

❸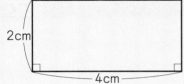

2cm

4cm

❹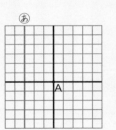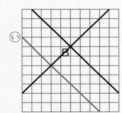

❶ |組の三角じょうぎを使ってかきます。

❷ |組の三角じょうぎを使ってかきます。

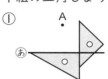 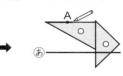

> 🏠 **おうちのかたへ** 平行な直線をかくときには、は
> じめに一方の三角定規を直線あにあわせて置いた後、
> もう一方の三角定規を、はじめに置いた三角定規に
> ぴったりあわせて、直角をつくります。はじめに置い
> た三角定規を動かすときには、後から置いた三角定規
> が途中でずれないようにしっかりとおさえるようアド
> バイスしましょう。

❸ 4cm の辺の両はしに垂直な直線をかき、一方の
  2cm のところに頂点をきめ、その点から4cm
  の辺に平行な直線をかきます。または、4cm の
  辺の両はしに2cm の垂直な直線をかき、垂直な
  直線のはしの点どうしを直線で結びます。

❹ 方がん紙のますを使ってかきます。

> 🏠 **おうちのかたへ** 斜めに傾いている直線が正しく
> かけないときは、まず、もとの直線が「右に○ます、
> 上(または下)に□ます」になっているかを考えさせま
> しょう。垂直や平行な直線がかけたら、三角定規で確
> かめるようにさせましょう。

> ⏱ **しあげの5分レッスン** 垂直な直線や平行な直線をかいたら、三角じょうぎを使って、きちんと垂直や平行にかけ
> ているかたしかめよう。

---

1 台形…う、え(え、うでもよい。)
  平行四辺形…い、お(お、いでもよい。)

---

❶ 台形…う、お   平行四辺形…あ、え
  ひし形…か、く

❶ 平行な辺は、次のとおり(赤線)です。

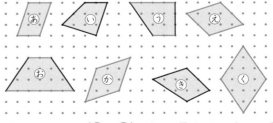

また、ひし形(か、く)の辺の長さは、すべて等し
いです。

②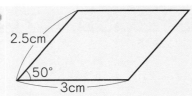

③ ①二等辺三角形　②直角三角形

④ (例)

② 右の図のように、
　❶2つの辺をかきます。
　❷頂点Aを通って、辺BC
　に平行な直線と、頂点C
　を通って、辺ABに平行
　な直線をかきます。
　また、❶の次に、コンパス
　で3cm、2.5cmをはかっ
　てもかけます。

❶

❷

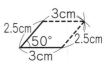

③ ②ひし形の対角線は垂直に交わっているので、い
　の部分は直角三角形になります。

④ ほかにも、いろいろな平行四辺形ができます。

ぴったり3　たしかめのテスト　32〜33ページ　てびき

① ①×　②×　③○　④△

② ① 　②

③ ①お　②え　③あ、き　④う

④ 平行な直線の組…あとい、うとえ、おとか
　垂直な直線の組…あとお、あとか、いとお、
　　　　　　　　　いとか

⑤ ①あ、か、く　②う、お　③い、え

⑥ ①辺AB…5cm、辺BC…7cm
　②角C…75°、角D…105°

⑦ ①辺AB…3cm、辺BC…3cm、
　　辺CD…3cm
　②角B…60°、角C…120°

⑧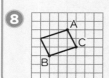

① 三角じょうぎを使ってきちんとたしかめましょう。

④ 直線をのばして考えます。

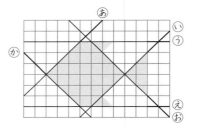

⑥ ①平行四辺形の向かいあう辺の長さは等しくなっています。
　②平行四辺形の向かいあう角の大きさは等しくなっています。

⑦ ①ひし形の4つの辺の長さはすべて等しくなっています。
　②ひし形の向かいあう角の大きさは等しくなっています。

⑧ 向かいあう2組の辺がどちらも平行になるように四角形をかきます。

6 小数

1 ①0.5 ②0.09 ③0.002 ④0.592 ⑤0.592 ⑥1.592

2 ①8 ②5 ③1 ④2 ⑤7

❶ ①0.17L ②1.43L

❷ ①5.134km ②1295m
③1.715kg ④6230g

❸ ①5、8、7、2 ②5872

❹ ①10倍した数…3
100倍した数…30
10でわった数…0.03
100でわった数…0.003
②10倍した数…72.5
100倍した数…725
10でわった数…0.725
100でわった数…0.0725

❶ 1Lの $\frac{1}{10}$ は0.1L、0.1Lの $\frac{1}{10}$ は0.01L
です。

❷ ①② 1km＝1000m
③④ 1kg＝1000g を使って考えます。

❸ ②0.001 が1000こで1になります。

❹ ①0.3を10倍すると、$\frac{1}{10}$ の位の数字3は、
位が1つ上がって、一の位の数字になります。

> **おうちのかたへ** 10倍するごとに位が1つずつ
> 上がり、10でわるごとに位が1つずつ下がるという
> ことは、「1.一億をこえる数」で学習しました。この
> ことは、整数だけでなく、小数においても適用します。

1 ①2 ②9 ③ $\frac{1}{100}$ ④＞

2 ①0.01 ②0.04 ③0.67 ④1.09

❶ ①＞ ②＜ ③＞ ④＞ ⑤＞ ⑥＜

❷

❸ ①あ0.08 ①0.73 ③1.04 ②1.29
②お3.43 か3.445 き3.482 く3.507

❶ 大きい位からくらべます。

❷ 数直線の大きい1目もりは0.1で、それを10等
分しているから、いちばん小さい1目もりは
0.01です。

❸ ①いちばん小さい1目もりは0.01です。
②いちばん小さい1目もりは0.001です。

> **おうちのかたへ** まず、数直線の大きい目もりの
> 上に、3.41、3.42、…のように小数を書かせてもよ
> いでしょう。そうすることで、例えばくを3.57と答
> えるミスを防ぐことができます。

1 ①328 ②635 ③963 ④9.63

2 ①2.57 ②0.29 ③3.68

①

①	7.35	②	5.06	③	3
	+2.18		+3.01		+2.74
	9.53		8.07		5.74

④	1.95	⑤	2.75	⑥	0.16
	+7		+8.25		+9.84
	8.95		11.00		10.00

① ③3は、3.00 と考えます。
⑤⑥答えの小数点より右にある、右はしにならぶ
　0は、\でけします。

②

①	7.76	②	5.03	③	2.85
	−3.68		−0.86		−1.89
	4.08		4.17		0.96

④	6.31	⑤	8.56	⑥	7
	−5.72		−4.2		−3.64
	0.59		4.36		3.36

② ③④答えに「0.」をかくのをわすれないようにし
　ましょう。
⑤4.2 は、4.20 と考えます。
⑥7は、7.00 と考えます。

③ ①3.39 km　②0.59 km

③ ①1.52＋1.87＝3.39（km）
②西駅→南駅→東駅の道のりは、
　1.1＋2.73＝3.83（km）
西駅から東駅へ直せつ行く道のりのほうが、
3.83−3.24＝0.59（km）長いです。

しあげの5分レッスン 筆算をかくときには、位をそろえてかくことに注意しよう。

---

① 2.35 L

② ①9368 m　②3.06 m
③3520 g　④0.755 kg

③ ①128　②3.56　③82.5、0.825

④ ①＜　②＞

⑤

⑥ ①7.98　②9.09　③4.58　④4.39

⑦ ①式　12.15＋5.57＋2.63＝20.35
　　　　答え　（のせることが）できない。
②式　12.15−5.57＝6.58
　　　　答え　荷物あが 6.58 kg 重い。

⑧ ①0.62　②0.55
③0.24　④0.93

② ②1 m＝100 cm を使って考えます。

③ ①0.01 を 10 こ集めると 0.1、100 こ集める
　と 1 になります。

⑥ ②や④は、次のように考えます。

②	7.29	④	8.00
	+1.80		−3.61
	9.09		4.39

⑦ ①20 kg より 0.35 kg 重いので、いっしょにリ
フトにのせることができません。

⑧ 3つの数の合計は、0.86＋0.31＋0.48＝1.65
たとえば、次のように求めることができます。
①1.65−0.17−0.86＝0.62
②1.65−0.79−0.31＝0.55
③1.65−0.62−0.79＝0.24
④1.65−0.24−0.48＝0.93

おうちのかたへ 身のまわりで小数が使われている場面は多くあります。身のまわりにある小数を見つけたり、
その小数を使って、小数のしくみや大小比較、たし算やひき算の問題を出しあったりしてもよいでしょう。

見積もりを使って 42〜43 ページ てびき

❶ (1)①73　②42　③100　④300
　　(2)①650　②800　③1000　④3000

❷ およそ 300 ㎡

❸ およそ 700 円

❹ およそ 4 kg

❺ (1)およそ 600 円
　(2)(例) じょうぎ、カード、ノート、えん筆、
　　　はさみ

❷ 37＋62＋58＋41＋43＋57
およそ 100 ㎡ が 3 つだから、およそ 300 ㎡
になります。

❸ 次のようにまとまりをつくって考えます。

198円　75円　28円　145円　105円　52円　35円　62円

○ をおよそ 100 のまとまりと考えると、およそ
700 円になります。

❹ およそ 1000 g（1 kg）になるようにまとまりを
つくって考えます。
813 g と 175 g、304 g と 682 g、
510 g と 466 g をそれぞれおよそ 1 kg、
956 g もおよそ 1 kg と考えると、
およそ 1 kg が 4 つだから、およそ 4 kg になります。

❺ (1)60＋210＋150＋130＋50
　　およそ 200 円が 3 つだから、およそ 600 円
　　になります。
　(2)じょうぎとカードで 200 円、
　　ノートとえん筆でおよそ 400 円、
　　はさみだけでおよそ 200 円です。
　　ほかにもいろいろな組み合わせがあるので、考
　　えてみましょう。

❼ 2けたでわるわり算の筆算

ぴったり1 じゅんび 44 ページ

❶ ①12　②6　③2　④2
❷ ①5　②40　③5　④40　⑤5　⑥40　⑦390

ぴったり2 練習 45 ページ　てびき

❶ ①4　②1　③7
　④6　⑤3　⑥4
　⑦4　⑧8　⑨6

❶ ①80÷20 を 8÷2 と考えます。
　④180÷30 を 18÷3 と考えます。

🏠 **おうちのかたへ**　180÷30＝60 のような間違
いをする場合は、「180 円で 1 こ 30 円のあめは何こ
買えますか。」のような買い物の場面で考えさせて、
30 円のあめは 6 個しか買えないことを確認させると
よいでしょう。

❷ 答え、たしかめの順に、
　①3あまり10、20×3+10=70
　②1あまり20、40×1+20=60
　③2あまり20、30×2+20=80
　④1あまり30、60×1+30=90
　⑤3あまり10、50×3+10=160
　⑥4あまり40、60×4+40=280
　⑦6あまり70、90×6+70=610
　⑧7あまり50、70×7+50=540
　⑨9あまり30、40×9+30=390
　⑩8あまり60、80×8+60=700

❷ あまりは、わる数より小さくなることに注意しましょう。
また、答えのたしかめは、
| わる数 |×| 商 |+| あまり |=| わられる数 |
の式に数をあてはめます。

⌂ おうちのかたへ　70÷20=3あまり1のような間違いをしやすいので、注意させましょう。
「70円で1こ20円のあめは何こ買えて何円あまりますか。」のような買い物の場面で考えさせて、あまりが1円ではおかしいことに気づかせましょう。

⏱ しあげの5分レッスン　答えを求めたら、答えのたしかめもするようにしよう。

ぴったり1　じゅんび　46ページ

❶ (1)
```
      3
26)78
   78
    0
```
(2)
```
      6
43)260
   258
     2
```

❷ (1)
```
      8
36)288
   288
     0
```
(2)
```
      7
27)189
   189
     0
```

ぴったり2　練習　47ページ　　　てびき

❶ ①3　②4　③2
　④8　⑤2　⑥7
　⑦6あまり1　⑧2あまり18
　⑨3あまり14

❷ ①3　②8あまり21　③7
　④5あまり43　⑤8
　⑥6あまり2

❶ ⑦
```
      6
46)277
   276
     1
```
⑧
```
      2
83)184
   166
    18
```
⑨
```
      3
79)251
   237
    14
```

❷ 見当をつけた商が大きすぎたときは、1ずつ小さくします。

④
```
      5
48)283
   240
    43
```
⑤
```
      8
68)544
   544
     0
```
⑥
```
      6
19)116
   114
     2
```

⌂ おうちのかたへ　既に1けたでわるわり算の筆算を学習していますが、2けたでわるわり算の筆算では、「商の見当をつける」「見当をつけた商が大きすぎたときは1ずつ小さくする」という手順が新たに加わっています。これらの手順をしっかりと習得してから、次の学習に進むようにしてください。

ぴったり1　じゅんび　48ページ

❶ 24
❷ 45

ぴったり2　練習　49ページ　　　てびき

❶ ①23　②42　③15あまり4
　④12あまり72　⑤20あまり3
　⑥30あまり25

❶ ⑤
```
       20
26)523
   52
    3
    0  ←省いてもよいです。
    3
```

② ①426　②198あまり32　③31
　　④17　⑤38　⑥21あまり2

② ①
$$18\overline{)7668}$$
```
     426
18)7668
   72
   46
   36
   108
   108
     0
```
②
```
     198
48)9536
   48
   473
   432
   416
   384
    32
```
③
```
      31
63)1953
   189
    63
    63
     0
```
④
```
      17
358)6086
   358
   2506
   2506
      0
```
⑤
```
      38
263)9994
   789
   2104
   2104
      0
```
⑥
```
      21
417)8759
   834
   419
   417
     2
```

ぴったり1　じゅんび　**50**ページ

1 ①300　②3　③10　④⑦　⑤⊆　⑥㋔　(④～⑥は、順じょを問いません。)

2 ①750　②25　③30　④150　⑤5　⑥30　⑦3000　⑧100　⑨30

ぴったり2　練習　**51**ページ　　　てびき

1 (例)350÷5、7000÷100

1
```
3500÷50          3500÷ 50
÷10↓  ↓÷10       ×2↓   ↓×2
350 ÷ 5          7000÷100
```
商はどれも70になります。
ほかに、両方を5でわって、700÷10なども
考えられます。

2 あ、い、お

2 ⑤300→150は2でわっています。
　　20→2は10でわっています。同じ数で
　　わっていないので、商は同じになりません。
　　㋡49→4900は100をかけています。
　　7→70は10をかけています。同じ数を
　　かけていないので、商は同じになりません。

3 ①2　②9
　　③6　④3
　　⑤9　⑥7万

3 ③100でわります。
　　3000÷500→30÷5＝6
　　④1万でわります。
　　6万÷2万→6÷2＝3
　　⑥1万でわります。
　　56億÷8万→56万÷8＝7万

4 ①340　②160

4 ①(例)8500　÷25
```
      ×4↓       ↓×4
      34000÷100＝340
```
　　②(例)40000÷250
```
      ÷50↓      ↓÷50
      800  ÷  5 ＝160
```

しあげの5分レッスン 例えば、80÷30＝2あまり20の計算を、80と30を10でわった式で考えると、
8÷3＝2あまり2で、あまりは同じにはならないよ。このことに注意しよう。

17

1 答え、たしかめの順に、
①2あまり20、50×2+20=120
②7あまり30、70×7+30=520

2 ①3　②5　③7
④2あまり21
　　たしかめ　32×2+21=85
⑤5あまり1
　　たしかめ　34×5+1=171
⑥8あまり54
　　たしかめ　57×8+54=510
⑦24　⑧36　⑨30あまり9
⑩321あまり9　⑪98あまり8
⑫54あまり50

3 式　152÷38=4　　　　　　答え　4本
4 式　420÷15=28　　　　　答え　28人
5 式　920÷25=36あまり20
　　　　答え　36束できて、20まいあまる。
6 ①2500　②700
③28000

7 525万(5250000)、105万(1050000)、
21万(210000)

1 答えのたしかめは、
$\boxed{わる数} \times \boxed{商} + \boxed{あまり} = \boxed{わられる数}$
の式に数をあてはめます。

2
②
```
      5
19)95
   95
    0
```
⑤
```
       5
34)171
   170
     1
```
⑧
```
      36
18)648
   54
   108
   108
     0
```
⑩
```
      321
12)3861
   36
    26
    24
     21
     12
      9
```
⑫
```
       54
125)6800
    625
    550
    500
     50
```

6 ①　7000 ÷ 250
　　×10↓　　　↓×10
　　70000÷2500
②　7000÷250
　÷10↓　　↓÷10
　700 ÷ 25
③　7000 ÷ 250
　×4↓　　　↓×4
　28000÷1000

7 1億÷1万=1万だから、
525億÷1万=525万です。

> **おうちのかたへ** 本単元まで学習したことによって、整数のたし算、ひき算、かけ算、わり算のしかたを一通り学習したことになります。これらの計算は、算数の学習においていちばん基礎となる極めて重要な部分ですので、しっかりとマスターさせるようにしてください。

8 式と計算の順じょ

1 (1)6、54　(2)6、10
2 3

1 ①300−(27+43)(=230)
②230まい

2 式　1000−700÷2=650
　　　　　　　答え　650円

1 妹が27まい、姉が43まい使うと、その合計のまい数は、(27+43)まい
300−(27+43)=300−70=230(まい)

2 $\boxed{出したおかね} - \boxed{代金} = \boxed{おつり}$
代金は700円の半分だから、700÷2(円)

❸ ①48　②42　③21
　　④57　⑤18　⑥2
　　⑦43　⑧13　⑨35

❸ ①左から順に計算します。
　　$54-9+3=45+3=48$
　②（　）の中をさきに計算します。
　　$54-(9+3)=54-12=42$
　③（　）の中をさきに計算します。
　　$(54+9)÷3=63÷3=21$
　④＋、－よりも、×、÷をさきに計算します。
　　$54+9÷3=54+3=57$
　⑤（　）の中をさきに計算します。
　　$54÷(9÷3)=54÷3=18$
　⑥左から順に計算します。
　　$54÷9÷3=6÷3=2$
　⑦$5×9-6÷3=45-2=43$
　⑧$(5×9-6)÷3=(45-6)÷3$
　　$=39÷3=13$
　⑨$5×(9-6÷3)=5×(9-2)=5×7=35$

❹ ①8、4　②12、4　③8　④5、2

🏠 **おうちのかたへ**　計算は答えだけを書くのではなく、途中の式も書くように指導しましょう。そうすることで、見なおしがしやすくなり、ミスを減らすことにつながります。

⏰ **しあげの5分レッスン**　まちがえた計算は、例えば「×、÷をさきにしないといけないのに、＋、－をさきにしてしまった。」のように、どこでまちがえたのかをふりかえるようにしよう。

ぴったり❶ じゅんび　**56**ページ

1 ①3　②3　③3　④300
2 (1)60、30　(2)40、8

ぴったり❷ 練習　**57**ページ　　　　　　　　　　　てびき

❶ ①156　②600
　　③1590　④891

❶ ①$56+84+16=56+(84+16)$
　　$=56+100=156$
　②$25×24=25×(4×6)=(25×4)×6$
　　$=100×6=600$
　③$106×15=(100+6)×15$
　　$=100×15+6×15$
　　$=1500+90=1590$
　④$99×9=(100-1)×9=100×9-1×9$
　　$=900-9=891$

❷ ㋐…ⓘ　㋑…ⓐ

❷ ㋐4この3つ分と、4この4つ分をあわせているので、ⓘの図となります。
　㋑(3+4)の4こ分で、横の3こと4こをたしているので、ⓐの図となります。

❸ 式　□＋8＝15
　　（□＝15－8＝7）　　　答え　7

❸ □にあてはまる数は、15－8で求めます。

❹ ①$300-157$　②$19+43$
　　③$24÷4$　④$6×8$

19

1 ①36、64　②37

2 ①44　②6　③33　④13

3 ①123　②2200　③1530　④6993

4 ①式　(□=)83−15　　　　答え　68
　　②式　(□=)80×8　　　　答え　640
　　③式　(□=)72+48　　　　答え　120
　　④式　(□=)60÷4　　　　答え　15

5 式　120÷(3×2)=20　　　答え　20箱

6 式　□÷7=8
　　　(□=8×7=56)　　　答え　56

7 ①5、4
　　②9、4

8 ①(例) 3÷3+3÷3=2
　　②(例) 3×3−(3+3)=3

---

1 ①36+64=100 なので、( )を使って、さきに計算します。

2 次の順じょで計算します。
　・ふつう、左から順にします。
　・( )があるときは、( )の中をさきにします。
　・＋、−と×、÷とでは、×、÷をさきにします。
　①52−32÷4=52−8=44
　②48÷(24÷3)=48÷8=6
　③18×2−27÷9=36−3=33
　④25−(20−16÷2)=25−(20−8)
　　　=25−12=13

3 ①35+23+65=35+65+23
　　=(35+65)+23=100+23=123
　②25×88=25×(4×22)
　　=(25×4)×22=100×22=2200
　③102×15=(100+2)×15
　　=100×15+2×15
　　=1500+30=1530
　④999×7=(1000−1)×7
　　=1000×7−1×7
　　=7000−7=6993

5 1箱のチョコレートの数は、
　(3×2) こだから、
　120÷(3×2)=120÷6=20(箱)

6 □にあてはまる数は、8×7で求めます。

7 ①7この5つ分と3この4つ分をたしています。
　②7この9つ分から、4この4つ分をひいています。

8 ①ほかに、(3×3−3)÷3=2 もあります。
　②ほかに、(3+3+3)÷3=3 もあります。

❾ 割　合

1 400、5、5

2 4、3、3

> 🏠おうちのかたへ　わり算を使って何倍かを求めることは、既に3年生で学習していますが、本単元では、新たに「割合」という用語を学習します。なお、5年生で詳しく学習します。

1 図　もとの身長 —□倍→ いまの身長
　　　　（50）cm　　　　　（150）cm
　　式　150÷50＝3　　　　　　　答え　3倍

2 図　青のリボン —□倍→ 赤のリボン
　　　　（15）cm　　　　　（60）cm
　　式　60÷15＝4　　　　　　　答え　4倍

3 ①イルカ…5倍、クジラ…2倍
　　②イルカ

1 何倍になっているかを求めるので、□倍として図をかきます。
　50×□＝150より、□にあてはまる数は150÷50で求められます。

2 青のリボン の□倍が 赤のリボン になることに注意します。

3 ①イルカ…5÷1＝5（倍）
　　②クジラ…8÷4＝2（倍）

1 ①200　②4　③800　④800

2 ①400　②5　③80　④80

1 ○い

2 ①図　中サイズ —(2)倍→ 大サイズ
　　　　（120）g　　　　　□g
　　式　120×2＝240　　　　　　答え　240g

　　②図　小サイズ —(3)倍→ 大サイズ
　　　　　□g ←÷(3)— （240）g
　　式　240÷3＝80　　　　　　　答え　80g

1 ⓐ10×4＝40（cm）
　　ⓘ20×3＝60（cm）
　　ⓤ25×2＝50（cm）

2 ②□×3＝240の□を求める式を考えます。

> 🏠おうちのかたへ　「120gの2倍が□g」のように何倍かした後の量を求めるときはかけ算になり、「□gの3倍が240g」のように何倍かする前の量を求めるときはわり算になります。問題文をよく読んで、どちらのパターンなのか見極めるようにアドバイスしましょう。

> ⏱しあげの5分レッスン　最後に「□の○倍が□」の関係をもう1回かくにんしよう。

1 (1)①2　②3　③100　④100
　　(2)①2　②6　③100　④100

❶ ①

小箱 —(5)倍→ 中箱 —(3)倍→ 大箱
□こ ⋯⋯⋯ □こ ⋯⋯⋯ (135)こ
　　÷(5)　　÷(3)

②式　135÷3＝45
　　45÷5＝9　　　　答え　9こ

❷ ①

オレンジ —(2)倍→ りんご —(5)倍→ メロン
□円 ⌣⌣⌣ ■倍 ⌣⌣⌣ (1600)円
　　　　÷■

②式　2×5＝10
　　1600÷10＝160　　答え　160円

❶ ②中箱のみかんの数は、135÷3＝45（こ）
　　小箱のみかんの数は、45÷5＝9（こ）

❷ ②メロンのねだんがオレンジのねだんの何倍にな
　　るかを考えると、2×5＝10（倍）
　　オレンジのねだんは、
　　1600÷10＝160（円）

🏠 おうちのかたへ　3つのくだものをどの順に並べればよいかわからないときは、まずはりんごとメロンだけの関係図と、オレンジとりんごだけの関係図をかかせましょう。そうすると、2つの関係図でりんごが共通していることがわかり、りんごが中央にくるように2つの関係図をつなげればよいことを理解させることができるでしょう。

❶ ①割合　②3
❷ 式　92÷23＝4　　　　　　答え　4倍
❸ ①式　160÷80＝2　　　　　答え　2倍
　　②ピーマン
❹ 式　270×3＝810　　　　　答え　810人
❺ 式　140÷4＝35　　　　　　答え　35cm
❻ ①式　960÷3＝320　　　　答え　320g
　　②式　960÷6＝160　　　　答え　160g
❼ 式　5×2＝10
　　9÷10＝0.9　　　　　　　答え　0.9L

❸ ②ピーマンのいまのねだんについて、もとのねだんに対する割合を求めると、
　　100÷20＝5（倍）
　　①で求めたトマトよりも割合が大きいので、
　　ピーマンのほうがよりねあがりしたといえます。

❼ バケツの水の量は、水そうの水の量の半分ということは、水そうの水の量は、バケツの水の量の2倍ということになります。
　　9÷10は、9を10でわるので、位が1つ下がって、0.9です。

🕐 しあげの5分レッスン　「AはBの○倍です。」という文は、「Bの○倍はAです。」といいかえることができるよ。図をかくときは、B→Aのように、Bが左にくることに注意しよう。

そろばん

❶ ①3.36　②5　③3　④0.5　⑤0.2　⑥0.06　⑦0.1　⑧5.7

1 ①8.42　②12.32
　③2.18　④2.85
2 ①92兆　②18億

1 そろばんの計算は、上の位から順にします。

2 ①53＋39 で求められます。
　②76−58 で求められます。

---

1 ①3.57　②8.04
2 ①7.88　②14　③3.66
　④4.48　⑤77億　⑥29兆
3 ①85　②10.1
　③4.29　④20.52

1 ② $\frac{1}{10}$ の位は１だまも５だまもはいっていない
ので０です。

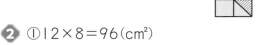 くり上がりやくり下がりの
ある計算では、左の位のたまを入れたりはらったりす
るのをわすれないようにしよう。

---

⑩ 面　積

1 ①6　②6　③8　④8
2 ①7　②63　③4　④12　⑤51

---

1 ⑧12 cm²　◎10 cm²　③2 cm²

2 ①96 cm²　②25 cm²

3 ①6cm²　②4 cm²

4 ①144 cm²
　②216 cm²

1 １辺が１cm の正方形が何こあるかを調べます。
③は、形を変えて調べます。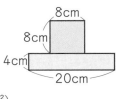

2 ①12×8＝96（cm²）
　②5×5＝25（cm²）

3 ①たて２cm、横３cm の長方形です。
　②１辺が２cm の正方形です。

4 ①（例）右のように
　分けて考えます。
　8×8＝64（cm²）
　4×20＝80（cm²）
　64＋80＝144（cm²）
　②（例）右のように、
　１辺が６cm の正
　方形６こに分ける
　と、かんたんに求
　められます。
　6×6＝36（cm²）
　36×6＝216（cm²）

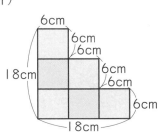

1 ①5　②5　③25　④25
2 ①6　②48　③48
3 ①10　②10　③100
　　④100　⑤100　⑥10000
4 ①4　②6　③4　④6　⑤24　⑥24

> ⌂ おうちのかたへ　1aや1haは、1辺が10mや100mの正方形の面積になっているなど、正方形の面積と結びつけて単位を覚えるようにさせましょう。そうすることで、1a=(10×10)m²=100m²のように、単位の関係をつかみやすくなります。

1 ①40m²　②18m²　③16m²

2 ①64km²　②77km²
3 ①10000　②1000000
　　③100　④10000
4 ①25　②21

1 ①8×5=40(m²)
②長さの単位をmにそろえます。
　300cm=3mだから、3×6=18(m²)
③400cm=4mだから、4×4=16(m²)

2 ①8×8=64(km²)
②11×7=77(km²)

4 ①1aの正方形がたて、横5こずつならぶので、
　5×5=25(a)
　または、50×50=2500(m²)
　2500m²=25a
②1haの正方形がたてに3こ、横に7こならぶので、3×7=21(ha)
　または、300×700=210000(m²)
　210000m²=21ha

1 ①30000　②2
　　③8　④50000
2 ①324cm²　②45m²　③2m²
　　④12km²　⑤42a
3 ①68cm²　②93cm²

4 ①8cm²　②9cm²

1 ④1ha=10000m²だから、
　5ha=50000m²
2 ③4m=400cmだから、
　50×400=20000(cm²)
　20000cm²=2m²
3 ①(例)たて12cm、横9cmの大きい長方形から、中の小さい長方形をひきます。
　12×9-10×(9-3-2)=68(cm²)
②(例)6×8+15×3=93(cm²)

4 下のように形を変えて考えます。
①1cm²の正方形が8こ分だから、8cm²
②1cm²の正方形が9こ分だから、9cm²

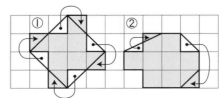

⑤ ①550 m² ②1380 m²

⑥ 16 cm

⑦ 1850000 m²（185万m²）

⑧ ①⑤　②⑥　③⑤

⑤ ①色をぬった部分の面積は、
（大きい長方形）−（小さい長方形）で求めます。
20×30−5×10＝550（m²）

②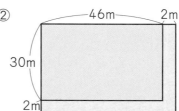

中にある白い部分をはしによせると、色をぬった部分の面積は、たて 30 m、横 46 m の長方形の面積と等しくなります。
30×46＝1380（m²）

⑥ 9×□＝144　□＝144÷9　□＝16

⑦ 土地の面積は、m² の単位で表すと、
1000×2000＝2000000（m²）
これから、池の面積をひくと、
2000000−150000＝1850000（m²）

⑧ 面積の大きい順にならべると、⑤→⑤→⑥になることから考えてもよいでしょう。

🕐しあげの5分レッスン 答えをかくときには、単位をかきまちがえないように気をつけよう。

⑪ がい数とその計算

ぴったり1 じゅんび　76ページ

1 (1)4、捨て、390000
(2)5、上げ、91000

ぴったり2 練習　77ページ　てびき

① ①2000　②10000　③10000

② ①3000　②20000　③800000

③ ①91000　②85000　③900000

④ 650以上 749以下、650以上 750未満

① 百の位を四捨五入します。
①③は切り上げます。②は切り捨てます。

② 上から2つ目の位を四捨五入します。
①3¦290　　②1¦7304
　3¦000　　　2¦0000

③ 上から3つ目の位を四捨五入します。
①90¦521　　③89¦7620
　91¦000　　　90¦0000

④ 百の位までのがい数にするので、十の位を四捨五入します。

🕐しあげの5分レッスン 「以下」と「未満」のちがいに注意しよう。「5以下」には5もはいるが、「5未満」には5ははいらないよ。

⑤ ①黄河…………約5000 km
　　ミシシッピ川…約4000 km
　　ナイル川………約7000 km
　　インダス川……約3000 km

②（km）　　　川の長さ

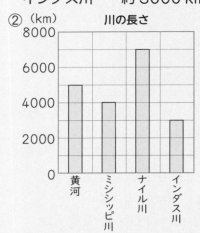

⑤ ①百の位を四捨五入します。
　　黄河、インダス川は、切り捨てます。
　　ミシシッピ川、ナイル川は、切り上げます。

ぴったり1 じゅんび **78**ページ

1 ①55000 ②32000
　(1)①55000 ②32000 ③87000 ④87000
　(2)①55000 ②32000 ③23000 ④23000
2 ①300 ②500 ③300 ④500 ⑤150000 ⑥150000

ぴったり2 練習 **79**ページ

てびき

1 ①約166000人
　②約14000人

1 約何万何千人と表すには、百の位を四捨五入して
千の位までのがい数にします。
　①90000＋76000＝166000
　②90000－76000＝14000

⌂ おうちのかたへ 四捨五入や概算に慣れ親しむた
めに、スーパーなどで買い物をするときに、合計金額
を概算で求めて実際の金額と比較してみるといった活
動をさせるのもよいでしょう。

2 ①156000 ②58000
　③11000 ④10000
3 ① 200 × 400 、80000
　② 4000 × 500 、2000000
4 約400000円

2 がい数にしてから計算します。
　①96000＋60000 ②53000＋5000
　③40000－29000 ④13000－3000

4 上から1けたのがい数にすると、
　198×2154 → 200×2000＝400000より、
　約40万円となります。

ぴったり1 じゅんび **80**ページ

1 ①18000 ②300 ③18000 ④300 ⑤60 ⑥60
2 ①200 ②500 ③200 ④500 ⑤800 ⑥買えます

❶ ①6300÷90、70
　②480000÷2000、200

❷ 約100こ

❸ ①3000、2000、買えません
　②4000、3000、買えます

❶ ②480000÷2000＝240で、上から1けただけ求めるので、200です。

❷ わられる数を上から2けた、わる数を上から1けたのがい数にすると、
32760÷280 → 33000÷300＝110
商は上から1けたにして約100こです。

❸ 切り捨てたときの和は代金以下、
切り上げたときの和は代金以上です。

❶ ①千の位…36000、一万の位…40000
　②千の位…141000、一万の位…140000
　③千の位…8245000、一万の位…8240000

❷ ①31000　②430000　③1000000

❸ 635以上644以下

❶ 千の位までのがい数にするときは、百の位を四捨五入し、一万の位までのがい数にするときは、千の位を四捨五入します。

❷ 上から3つ目の位を四捨五入します。

❸ 630　635　640　645　650
640になるはんい

❹ ①東山市…約23000人　西山市…約42000人
　南山市…約30000人　北山市…約18000人

②(人)　市の人口

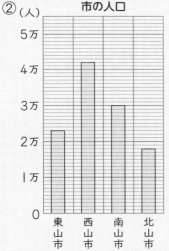

❹ ①百の位を四捨五入して千の位までのがい数にします。

❺ (例)34152、34251

❺ ほかに、34125、34215でも千の位までのがい数にしたとき、34000になります。

おうちのかたへ　カードの数字や枚数などの設定を変えて、四捨五入するとある値になるような整数をつくるゲームをするのもよいでしょう。

❻ ①約158000人　②約28000人

❻ 92881 → 93000、65235 → 65000
①93000＋65000＝158000
②93000－65000＝28000

❼ 約1000000円

❼ 10830×115
→ 10000×100より、1000000

❽ 約20000円

❽ 1593600÷83
→ 1600000÷80より、20000

しあげの5分レッスン　問題文をよくよんで、四捨五入する位をまちがえないように気をつけよう。

見方・考え方を深めよう(1)

1 $560 - \boxed{240} = \boxed{320}$　　　$\boxed{320} \div 4 = \boxed{80}$
80円

> **おうちのかたへ**　複雑な文章題では、まず、「求めるもの」と「わかっていること」を整理するのがポイントです。

2
```
  ┌─────┐ 3をかける ┌─────┐ 135をたす ┌─────┐
  │おにぎり│────────▶│おにぎり│────────▶│はらった│
  │ 1こ  │◀────────│ 3こ  │◀────────│おかね │
  └─────┘ (3でわる) └─────┘(135をひく)└─────┘
           (315円)          450円
```
105円

2 $450 - 135 = 315$　　　$315 \div 3 = 105$

3
```
  ┌─────┐ (5をかける) ┌─────┐ (60をひく) ┌─────┐
  │ノート │─────────▶│ノート │────────▶│はらった│
  │ 1さつ │◀─────────│ 5さつ │◀────────│おかね │
  └─────┘ (5でわる)  └─────┘(60をたす) └─────┘
            (650円)          590円
```
130円

3 $590 + 60 = 650$　　　$650 \div 5 = 130$

4
```
  ┌──────┐ 6でわる ┌─────┐ 4をたす ┌──────┐
  │送られてきた│───────▶│1人分の│──────▶│りかさんの│
  │ いちご  │◀───────│いちご │◀──────│ いちご │
  └──────┘6をかける└─────┘ 4をひく └──────┘
          8こ          12こ
```
48こ

4 $12 - 4 = 8$　　　$8 \times 6 = 48$

5 50こ

5
```
  ┌─────┐ 10をひく ┌─────┐ 5でわる ┌─────┐
  │もらった│────────▶│5人分の│───────▶│1人分の│
  │クッキー│◀────────│クッキー│◀───────│クッキー│
  └─────┘ 10をたす └─────┘5をかける └─────┘
          40こ          8こ
```
$8 \times 5 = 40$　　　$40 + 10 = 50$

12 小数のかけ算とわり算

1 (1) 8、5.6
(2) 100、100、0.3

2 (1) 8.82　(2) ①252　②72　③97.2
(3) ①100　②175　③18.50

> **おうちのかたへ**　本単元では、小数×整数や小数÷整数の計算を学習します。なお、小数×小数や小数÷小数の計算は、5年生で学習します。

1 ①0.6　②1.2　③6.3　④4

2 ①0.48　②0.36　③0.64　④0.3

3 ①6.5　②6.76　③76　④0.84

1 ④0.5を10倍して計算すると、$5 \times 8 = 40$
40を10でわって、答えは4

2 ④0.15を100倍して計算すると、$15 \times 2 = 30$
30を100でわって、答えは0.3

3 整数と同じように計算して、積の小数点は、かけられる数の小数点にそろえてうちます。

②
```
   1.69
 ×   4
 ──────
   6.76
```
④
```
   0.14
 ×   6
 ──────
   0.84
```

4 ①137.2 ②258.4 ③55.8 ④53.6

4 ①
$$\begin{array}{r} 4.9 \\ \times\ 28 \\ \hline 392 \\ 98 \\ \hline 137.2 \end{array}$$
③
$$\begin{array}{r} 1.55 \\ \times\ \ 36 \\ \hline 930 \\ 465 \\ \hline 55.80 \end{array}$$

5 式　1.2×35＝42　　　　答え　42kg

5 1人1.2kg使うから、35人では1.2×35で求められます。

┌───┐
🕐 **しあげの5分レッスン**　計算したあとは、小数点をかきわすれていないか、必ずチェックしよう。
└───┘

ぴったり1 じゅんび　**88**ページ

1 10、10、0.4

2 (1)①8　②64　(2)4

ぴったり2 練習　**89**ページ　　　　　　　　　　　　　**てびき**

1 ①0.3　②0.8　③0.08　④0.6
　　⑤0.05　⑥0.09

1 ④3を10倍して計算すると、30÷5＝6
　　6を10でわって、答えは0.6
　　⑤0.4を100倍して計算すると、40÷8＝5
　　5を100でわって、答えは0.05

2 ①1.2　②6.6　③0.52　④0.085

2 整数と同じように計算して、商の小数点は、わられる数の小数点にそろえてうちます。
①
$$\begin{array}{r} 1.2 \\ 6\overline{)7.2} \\ 6 \\ \hline 12 \\ 12 \\ \hline 0 \end{array}$$
④
$$\begin{array}{r} 0.085 \\ 3\overline{)0.255} \\ 24 \\ \hline 15 \\ 15 \\ \hline 0 \end{array}$$

3 ①1.4　②3.2　③0.3
　　④0.28　⑤0.08　⑥0.09

3 ①
$$\begin{array}{r} 1.4 \\ 24\overline{)33.6} \\ 24 \\ \hline 96 \\ 96 \\ \hline 0 \end{array}$$
⑤
$$\begin{array}{r} 0.08 \\ 18\overline{)1.44} \\ 144 \\ \hline 0 \end{array}$$

4 式　8.4÷7＝1.2　　　　答え　1.2kg

4 7ふくろで8.4kgだから、1ふくろの重さは8.4÷7で求められます。

ぴったり1 じゅんび　**90**ページ

1 ①7　②1.1　③6　④7　⑤1.1

2 2、0.7

ぴったり2 練習　**91**ページ　　　　　　　　　　　　　**てびき**

1 答え、たしかめの順に、
　　①24あまり1.3、3×24＋1.3＝73.3
　　②3あまり4.6、27×3＋4.6＝85.6

1 ①
$$\begin{array}{r} 24 \\ 3\overline{)73.3} \\ 6 \\ \hline 13 \\ 12 \\ \hline 1.3 \end{array}$$
②
$$\begin{array}{r} 3 \\ 27\overline{)85.6} \\ 81 \\ \hline 4.6 \end{array}$$

2 ①1.45 ②1.35 ③0.175

2 0をつけたして計算を続けます。

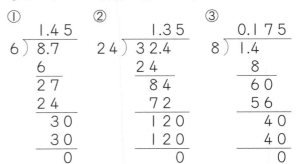

```
①        1.45      ②        1.35      ③        0.175
   6) 8.7         24) 32.4          8) 1.4
      6               24                8
      27              84                60
      24              72                56
       30            120                40
       30            120                40
        0              0                 0
```

3 ①1/10 の位まで…3.3、上から1けた…3

②1/10 の位まで…0.7、上から1けた…0.7

3 計算は次のようになります。

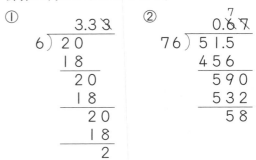

```
①        3.3 3     ②          0.6 7
   6) 20            76) 51.5
      18               456
       20             590
       18             532
        20            58
        18
         2
```

②のように上の位に0があるときは、はじめて0でない数がでてきたところを上から1けた目と考えます。

4 式　12÷5=2.4　　答え　2.4倍

4

青　12cm
白　5cm
0　1　2□　3（倍）

白 → 青
5cm　12cm
□倍

---

1 ①3.2 ②0.27 ③0.7 ④0.09

2 ①59.5 ②38
③472.5 ④31.98
⑤7.3 ⑥0.93
⑦0.9 ⑧0.23

2
```
③       6.3      ④       0.82
     ×75              × 39
     315              738
     441              246
    472.5            31.98

⑥      0.93      ⑧       0.23
  8) 7.44          37) 8.51
     72                74
     24               111
     24               111
      0                 0
```

3 ①1.12 ②0.235

3
```
①      1.12      ②        0.235
  5) 5.6          60) 14.1
     5               120
     6               210
     5               180
     10              300
     10              300
      0                0
```

④ ①2あまり13.3 ②2.5 ③2

⑤ 式 1.2×18＝21.6　　答え 21.6 m

⑥ 式 9÷15＝0.6　　答え 0.6倍

④ ①

```
        2
29 ) 7 1.3
     5 8
     1 3.3
```

② $\dfrac{1}{10}$ の位までのがい数で表すには、

$\dfrac{1}{100}$ の位の数字を四捨五入（ししゃごにゅう）します。

$$71.3÷29＝2.\overset{5}{4}5…$$

⑤ 18人分を求めるので、かけ算を使います。

⑥

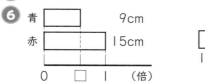
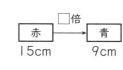

🏠 **おうちのかたへ** 本単元では小数倍を学習しましたが、⑥のように１より小さい小数になることもあります。大きい数を小さい数でわればよいというような考えではいけません。関係図をかくなどして、もとにする大きさは何なのかを考えた上で、立式するようにさせましょう。

🌟 学びをいかそう

だれでしょう　94〜95ページ　　てびき

① ①すし　②すし
　③さゆり…やき肉、たまえ…カレー

① 表のあてはまらないものに×をかくと、下のようになります。

	カレー	ハンバーグ	やき肉	すし
ありさ	×	○	×	×
かな	⊗	⊗	⊗	○
さゆり	×	⊗	○	×
たまえ	○	⊗		×

表より、ありささんはハンバーグで、すしはかなさんです。

次に、このことからわかるあてはまらないものに⊗をかくと、さゆりさんはやき肉で、カレーはたまえさんになります。

② ありさ…国語、かな…体育、
　さゆり…算数、たまえ…社会

② まず、表のあてはまらないものに×をかきます。

	国語	算数	社会	体育
ありさ	○	×	×	⊗
かな	×	×	×	○
さゆり	⊗	○	⊗	⊗
たまえ		×	○	⊗

すると、かなさんは体育で、算数はさゆりさんであることがわかります。

次に、このことからわかるあてはまらないものに⊗をかくと、ありささんは国語で、社会はたまえさんになります。

31

3 ありさ…ねこ、かな…かめ

3 まず、表のあてはまるものに○をかきます。

	ねこ	小鳥	かめ	犬	熱帯魚
ありさ	◎		○	○×	○×
かな			◎	×	○×
さゆり				◎	×
たまえ	○×	◎		○×	×
なみ				×	◎

表より、さゆりさんは犬で、なみさんは熱帯魚で、小鳥はたまえさんです。

次に、このことからわかるあてはまらないものに×をかくと、かなさんはかめで、ねこはありささんになります。

⌂ おうちのかたへ まずは、問題文をよく読んで与えられた条件を正確に表に整理し、その上で、表をよく見て確定できるところを探し、あてはまらないことがわかったところには×などの印をつけて考えていくのがポイントです。

⑬ 調べ方と整理のしかた

ぴったり1 じゅんび　96ページ

1 (1)4　(2)13　(3)16、運動場　(4)1、運動場

ぴったり2 練習　97ページ　**てびき**

1

場所とけがの種類別のけが調べ（人）

場所＼けがの種類	ねんざ	切りきず	つき指	すりきず	打ぼく	さしきず	合計
運動場	0	一 1	一 1	下 3	丁 2	0	7
中庭	0	一 1	一 1	丁 2	一 1	一 1	6
教室	一 1	0	一 1	一 1	0	一 1	4
体育館	正 4	0	0	0	0	0	4
合計	5	2	3	6	3	2	21

2 ①2人　②3人　③運動場
④場所…体育館、けがの種類…ねんざ

1 場所とけがの種類に目をつけて整理するので、体の部分は使いません。
①場所の合計をたてにたした数と、けがの種類の合計を横にたした数が同じになっているかをかくにんしましょう。

⌂ おうちのかたへ 正の字を使って人数を調べるときには、漏れや重複がないようにすることが重要です。調べ終わった記録には、✓などの印をつけるようにして、正確な表を作成する力を身につけさせましょう。

ぴったり3 たしかめのテスト　98～99ページ　**てびき**

1 ①

みつけた虫の種類と場所調べ（ひき）

種類＼場所	公園	校庭	ぞうき林	畑	合計
チョウ	5	1	0	3	9
テントウムシ	2	1	1	1	5
トンボ	1	3	0	0	4
クワガタムシ	0	0	3	0	3
カマキリ	0	0	0	1	1
合計	8	5	4	5	㋐22

②3びき　③5ひき　④公園
⑤場所…公園、虫の種類…チョウ
⑥みつけた虫の合計

1 ②～⑥は、①でつくった表を見て答えましょう。

⌂ おうちのかたへ 2つのことがらについて調べた表を読み取る問題では、その表のどの部分に着目すればよいかを考える必要があります。そのためには、表の中のそれぞれの数値が何を表しているのかを正しく理解していなければなりません。例えば、①の表の中の9は何を表しているかを問いかけるなどして、表についての理解を深めさせましょう。

2 ①

4年生が好きな果物調べ（人）

種類 ＼ 組	1組	2組	合計
いちご	6	9	15
バナナ	10	8	18
みかん	11	5	16
りんご	6	10	16
合計	33	32	65

②みかん　③31人　④2人

2 ①2組でいちごが好きな人の数は、

15−6＝9（人）

みかんが好きな人の合計は、

11＋5＝16（人）

1組の合計は、

6＋10＋11＋6＝33（人）

1組と2組の合計は、

33＋32＝65（人）

③15＋16＝31（人）

④10−8＝2（人）

◆しあげの5分レッスン 2つのことがらを調べる表が正しくかけなかったときは、まちがえたわけを考えよう。同じまちがいをしないように気をつけて、もう一度表をかいてみよう。

 # 見方・考え方を深めよう(2)

どれにしようかな **100〜101**ページ　　　　　　**てびき**

1 ①27−18＝9

9人

②30−18＝12

12人

③29−9＝20

20人

1 表は、下のようになります。

食べたい果物調べ（人）

町 ＼ 果物	りんご	みかん	合計
北町	㋐ 18	㋑ 12	㋒ 30
南町	㋕ 9	㋖ 20	㋗ 29
合計	㋛ 27	㋜ 32	㋝ 59

2 ①

したいスポーツ調べ（人）

組 ＼ スポーツ	野球	サッカー	合計
1組	（11）	17	28
2組	（5）	（22）	27
合計	16	39	（55）

②22人

③1組…11人、2組…5人

2 ②サッカーを選んだ39人のうち、1組の人が17人だから、2組の人は、

39−17＝22（人）

③1組の人28人のうち、サッカーを選んだ人が17人だから、野球を選んだ人は、

28−17＝11（人）

2組についても同じように考えると、

27−22＝5（人）

3

ねこ、犬をかっている人調べ（人）

犬 ＼	ねこ かっている	ねこ かっていない	合計
犬 かっている	（3）	（8）	11
犬 かっていない	（7）	16	（23）
合計	10	（24）	34

3人

3 ねこをかっていない人は、

34−10＝24（人）

ねこをかっていなくて、犬をかっている人は、

24−16＝8（人）

ねこも犬もかっている人は、

11−8＝3（人）

⌂おうちのかたへ まずは、与えられた条件を表に正しく整理することが大切です。問題文をよく読んで、「クラスは34人」のような条件も忘れずに表に書き込むように注意させましょう。その上で、表の縦か横に並んでいる3つのますのうち、2つの数がわかっていれば、もう1つの数は計算で求められることに着目して考えるのがポイントです。

14 分　数

1 ①19　②3　③1　④3　⑤1

2 17、17

1 ①$\frac{1}{10}$、$\frac{8}{9}$、$\frac{3}{8}$　②$\frac{7}{6}$、$\frac{2}{2}$、$\frac{9}{7}$

　　③$1\frac{1}{3}$、$2\frac{3}{4}$、$2\frac{4}{5}$

2 ①$2\frac{4}{5}$　②$1\frac{3}{8}$　③3

3 ①$\frac{10}{7}$　②$\frac{5}{2}$　③$\frac{19}{5}$

4 ①>　②=　③<

1 $\frac{2}{2}$、$\frac{3}{3}$ など1に等しい分数も仮分数です。

2 ①$\frac{14}{5}$ は、2と$\frac{4}{5}$をあわせた数です。

3 ①$1\frac{3}{7}$ は、$\frac{1}{7}$を10こ集めた数です。

4 ①$\frac{11}{7}=1\frac{4}{7}$ だから、$\frac{11}{7}>1\frac{2}{7}$

　　または、$1\frac{2}{7}=\frac{9}{7}$ だから、$\frac{11}{7}>1\frac{2}{7}$

1 (1)3、8　(2)9、5

2 (1)①5　②$\frac{8}{4}$　③$\frac{1}{4}$　④4　(2)①7　②$\frac{5}{6}$

1 ①$\frac{6}{4}\left(1\frac{2}{4}\right)$　②$\frac{5}{5}$(1)　③$\frac{9}{7}\left(1\frac{2}{7}\right)$

　　④$\frac{12}{8}\left(1\frac{4}{8}\right)$　⑤$\frac{15}{9}\left(1\frac{6}{9}\right)$　⑥$\frac{12}{6}$(2)

2 ①$\frac{4}{5}$　　②$\frac{4}{4}$(1)　③$\frac{4}{5}$

　　④$\frac{4}{6}$　　⑤$\frac{3}{7}$　　⑥$\frac{18}{8}\left(2\frac{2}{8}\right)$

3 ①$\frac{11}{5}\left(2\frac{1}{5}\right)$　②$\frac{13}{6}\left(2\frac{1}{6}\right)$　③$\frac{21}{7}$(3)

　　④$\frac{5}{8}$　　⑤$\frac{5}{7}$　　⑥$\frac{8}{5}\left(1\frac{3}{5}\right)$

4 式　$1\frac{5}{7}+\frac{4}{7}=\frac{16}{7}\left(=2\frac{2}{7}\right)$

　　　　　　　　　答え　$\frac{16}{7}$ m$\left(2\frac{2}{7}$ m$\right)$

5 式　$1\frac{1}{4}-\frac{3}{4}=\frac{2}{4}$　　　　答え　$\frac{2}{4}$ m

1 ②$\frac{2}{5}+\frac{3}{5}=\frac{5}{5}(=1)$

　　⑥$\frac{5}{6}+\frac{7}{6}=\frac{12}{6}(=2)$

2 ②$\frac{7}{4}-\frac{3}{4}=\frac{4}{4}(=1)$

3 ①$1\frac{4}{5}+\frac{2}{5}=\frac{9}{5}+\frac{2}{5}=\frac{11}{5}\left(2\frac{1}{5}\right)$

　　（別の考え方）

　　$1\frac{4}{5}+\frac{2}{5}=1+\frac{4}{5}+\frac{2}{5}=1+\frac{6}{5}$

　　　$=1+1+\frac{1}{5}=2\frac{1}{5}$

　　④$1\frac{3}{8}-\frac{6}{8}=\frac{11}{8}-\frac{6}{8}=\frac{5}{8}$

　　⑥$2-\frac{2}{5}=\frac{10}{5}-\frac{2}{5}=\frac{8}{5}\left(1\frac{3}{5}\right)$

1　2、3、8

2　$\frac{1}{3}$

1　①⑦$\frac{1}{3}$　④$\frac{4}{5}$　⑨$\frac{2}{6}$　①$\frac{5}{7}$　⑦$\frac{7}{8}$　⑦$\frac{6}{9}$

　　⑨$\frac{2}{10}$

　②$\frac{2}{4}$、$\frac{3}{6}$、$\frac{4}{8}$、$\frac{5}{10}$　③$\frac{2}{8}$　④$\frac{3}{5}$

2　①$\frac{1}{10}$、$\frac{1}{6}$、$\frac{1}{2}$　②$\frac{2}{7}$、$\frac{2}{5}$、$\frac{2}{3}$

1　②は、数直線上でたてに同じ位置にあるものをみつけます。
　ものさしをあてると、わかりやすくなります。
　③、④も同じようにします。

2　分子が同じときは、分母が大きい分数のほうが小さいです。

　🏠おうちのかたへ　分子が同じで分母が異なる分数では、分母が大きい分数のほうが小さくなることに注意が必要です。1枚のピザを10等分するときと、6等分するときでは、10等分するときのほうが1つ分の大きさが小さくなることをイメージさせるとよいでしょう。

1　仮分数…$\frac{11}{5}$、帯分数…$2\frac{1}{5}$

2　①$1\frac{3}{4}$　②3　③$1\frac{5}{9}$　④$\frac{8}{5}$

　⑤$\frac{14}{6}$　⑥$\frac{29}{8}$

3　①＝　②＞　③＜

4　$2\frac{1}{7}$、$\frac{13}{7}$、$1\frac{5}{7}$

5　①$\frac{9}{4}\left(2\frac{1}{4}\right)$　②$\frac{10}{5}(2)$　③$\frac{12}{9}\left(1\frac{3}{9}\right)$

　④$\frac{5}{7}$　⑤$\frac{8}{8}(1)$　⑥$\frac{12}{6}(2)$

　⑦$\frac{15}{7}\left(2\frac{1}{7}\right)$　⑧$\frac{21}{5}\left(4\frac{1}{5}\right)$

　⑨$\frac{4}{10}$　⑩$\frac{17}{8}\left(2\frac{1}{8}\right)$

6　式　$1\frac{3}{8}+\frac{5}{8}=\frac{16}{8}(=2)$　答え　$\frac{16}{8}$ L(2L)

7　説明　(例)分母をたしています。
　　正しい答え　$\frac{3}{4}$

1　1を5つに分けているので、分母は5です。
　分子が分母と等しいか、分母より大きい分数を仮分数、整数と真分数の和になっている分数を帯分数といいます。

3　③3を仮分数になおすと $\frac{21}{7}$ なので、
　$\frac{22}{7}$ のほうが大きいです。

4　$\frac{13}{7}$ を帯分数になおしてくらべます。
　$\frac{13}{7}=1\frac{6}{7}$ です。

5　⑥$\frac{15}{6}-\frac{3}{6}=\frac{12}{6}(=2)$

　⑧$3\frac{2}{5}+\frac{4}{5}=\frac{17}{5}+\frac{4}{5}=\frac{21}{5}\left(4\frac{1}{5}\right)$

　（別の考え方）
　$3\frac{2}{5}+\frac{4}{5}=3+\frac{2}{5}+\frac{4}{5}=3+\frac{6}{5}$
　$=3+1+\frac{1}{5}=4\frac{1}{5}$

　⑩$3-\frac{7}{8}=\frac{24}{8}-\frac{7}{8}=\frac{17}{8}\left(2\frac{1}{8}\right)$

7　分母はそのままにして、分子だけを計算します。

　💗しあげの5分レッスン　帯分数を仮分数になおすとき、分子の数をまちがえていないかかくにんしよう。

15 変わり方

ぴったり1 じゅんび 110ページ

1 (1)11、10、7　(2)○、△　(3)1、へり

ぴったり2 練習 111ページ　てびき

1 ①

たての長さ（cm）	1	2	3	4	5	6	7
横の長さ（cm）	9	8	7	6	5	4	3

②10 cm
③(例)○＋△＝10

2 ①

だんの数（だん）	1	2	3	4	5	6
まわりの長さ（cm）	3	6	9	12	15	18

②(例)○×3＝△
③60 cm

1 ②たてと横の長さの和は、まわりの長さの半分の
10 cmになります。
③たての長さ＋横の長さ＝10 に、
○と△をあてはめます。

2 ②表をたてに見ていくと、
だんの数×3＝まわりの数になっていること
から、○と△をあてはめます。
③20×3＝60（cm）

🏠 おうちのかたへ 表を見て、どのような規則性があるかを話し合ってみましょう。例えば、だんの数が1だんずつ増えるとまわりの長さは3cmずつ増えるという規則性や、表で縦に並んでいる2つの数について、まわりの長さをだんの数でわった商は一定の値になるという規則性があります。

ぴったり1 じゅんび 112ページ

1 (1)18、20　(2)12

ぴったり2 練習 113ページ　てびき

1 ①

だんの数（だん）	1	2	3	4
まわりの長さ（cm）	4	10	16	22

②28 cm
③7だん

2 ①右の図
②600 g
③150 g

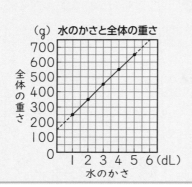

1 ②だんの数が1だんふえると、まわりの長さは
6cmふえるから、5だんで、まわりの長さは
22＋6＝28（cm）になります。
③6だんで、まわりの長さは34 cm、
7だんで、まわりの長さは40 cmになります。

2 ②グラフから、4.5 dLのときの重さが600 gで
あることがわかります。
③水がはいっていないとは0 dLのことです。
グラフを左下のほうにのばすと0 dLのときの
重さが150 gになっているので、これがびん
の重さです。

ぴったり3 たしかめのテスト 114〜115ページ　てびき

1 ①

たての本数（本）	1	2	3	4	5
横の本数（本）	5	4	3	2	1

②(例)○＋△＝6

1 たてと横の本数の和は6本です。
マッチぼう全部の本数12本の半分になります。

❷ ①
四角形の横の長さ（cm）	1	2	3	4	5	6
直角二等辺三角形の数（こ）	2	4	6	8	10	12

②（例）○×2＝△

③40こ

❸ ①右の図

②25分

③6L

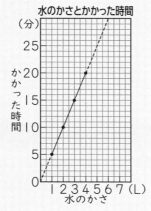

水のかさとかかった時間

（分）

かかった時間

水のかさ (L)

❹ ①
正方形の数　（こ）	1	2	3	4	5	6
マッチぼうの数（本）	4	7	10	13	16	19

②25本

❷ ①四角形の横の長さが1cmふえると、直角二等辺三角形の数が2こふえます。

②①の表をたてに見ると、

四角形の横の長さ×2＝直角二等辺三角形の数

❸ ②1L入れるのに5分かかるので、5L入れるには、25分かかります。

グラフからも、5Lのとき25分とわかります。

③5分間で1Lはいるので、30分間では6Lはいります。

❹ 正方形の数が1こふえると、マッチぼうが3本ふえます。

②正方形7こで、マッチぼう22本、正方形8こで、マッチぼう25本です。

⏰しあげの5分レッスン　関係を式に表したら、表の数をあてはめて正しい式になっているかかくにんしよう。

16 直方体と立方体

ぴったり1 じゅんび 116ページ

❶ (1)直方体　(2)立方体

❷ (1)直方体　(2)MN　(3)D、H

ぴったり2 練習 117ページ　てびき

❶ ①⑦正方形　④6　⑦12　㋤8

②⑦長方形　④長方形　⑦正方形　㋤6

㋔12　㋕8（④正方形、⑦長方形でもよい。）

❷ （例）

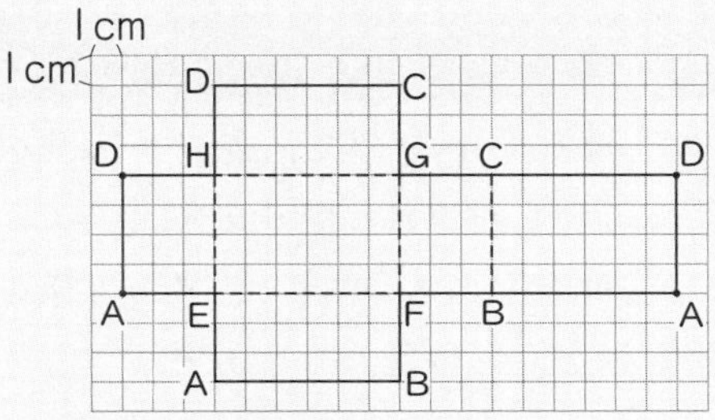

❸ ①辺ED　②頂点A、頂点M

❶ 直方体も立方体も、面の数は6、辺の数は12、頂点の数は8です。

❷ 組み立てるときに折る線は点線でかきます。

❸ この立方体のてん開図を組み立てると右のようになります。

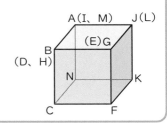

1 (1)①①の面 ②③の面 ③えの面 ④おの面
　　⑤かの面 （①～④は、順じょを問いません。）
　(2)①辺EA ②辺FB ③辺DA ④辺CB
　　⑤辺EF ⑥辺DC ⑦辺HG
　　（①～④、⑤～⑦は、順じょを問いません。）
　(3)①辺EA ②辺FB ③辺GC ④辺HD
　　⑤辺EF ⑥辺FG ⑦辺GH ⑧辺HE
　　（①～④、⑤～⑧は、順じょを問いません。）

🏠 おうちのかたへ ティッシュ箱などの直方体の箱を使って実際に確かめてみると、面や辺の平行と垂直の理解を深めることができます。見取図では、辺DAは斜めに表示されていますが、実際の箱では、辺ABと辺DAは垂直になっていることを確かめさせましょう。

1 ①あの面、③の面、かの面、おの面
　②辺AB、辺DC、辺FB、辺GC
　③辺BF、辺CG、辺DH
　④辺AB、辺BC、辺CD、辺DA
2 ①おの面
　②①の面、えの面、おの面、かの面
　③おの面、かの面
3 ① ②

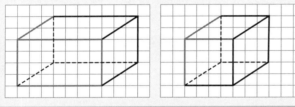

1 ①１つの面に垂直な面はとなりあう４つの面です。
　②１つの辺に垂直な辺は４つあります。
　③１つの辺に平行な辺は３つあります。
　④１つの面に平行な辺は４つあります。
2 ①かの面と向かいあう面はおの面だから、かの面とおの面は平行になります。
　②あの面と垂直な面は、あの面ととなりあう４つの面です。
3 平行になっている辺は、平行になるようにかきます。また、見えない辺は点線でかきます。

1 (1)①700 ②200 ③700 ④200 ⑤600 ⑥400 ⑦0 ⑧400
　(2)①0 ②0
　(3)①0 ②400 ③20

1 ①（東 500 m，北 300 m）
　②

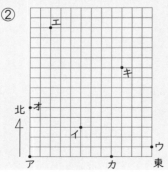

1 点オは、東に０m なので、点アから北の方向に 500 m 動かした位置になります。
　点カは、北に０m なので、点アから東の方向に 800 m 動かした位置になります。

② B（横5m，たて0m，高さ0m）
　C（横5m，たて4m，高さ0m）
　D（横0m，たて4m，高さ0m）
　E（横0m，たて0m，高さ3m）
　F（横5m，たて0m，高さ3m）
　G（横5m，たて4m，高さ3m）
　H（横0m，たて4m，高さ3m）

② 頂点Aをもとにして、横、たて、高さの順に位置を表します。

ぴったり3　たしかめのテスト　122〜123ページ　てびき

❶ ①直方体
　② 1cm
　（方眼上に展開図）

❶ ①長方形だけでかこまれた形だから直方体です。
　②辺にそって切り開いて、平面の上に広げた図をかきます。

❷ ①4つ　②⑤の面、⑥の面
　③辺AB、辺DC、辺HG

❷ ①⑥の面ととなりあっている面は、⑥の面と垂直です。

❸ ①（直方体の見取図）　②（立方体の見取図）

❸ 平行になっている辺は、平行になるようにかきます。また、見えない辺は点線でかきます。

❹ ①（横12cm，たて0cm，高さ0cm）
　②（横12cm，たて0cm，高さ8cm）
　③（横12cm，たて10cm，高さ8cm）

❺ ①辺BA　②⑥の面
　③◉の面、⑥の面

❻ ②、③、⑥

❹ 頂点Aをもとにするとき、
　・横が0cmになる…頂点D、頂点E、頂点H
　・たてが0cmになる…頂点B、頂点E、頂点F
　・高さが0cmになる…頂点B、頂点C、頂点D

❻ ② 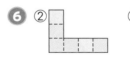　③ 　⑥

②、③、⑥は、それぞれ黒くぬった部分の面が重なるので、立方体にはなりません。

┄ ⏱ しあげの5分レッスン　てん開図を組み立てる問題では、どの頂点とどの頂点が重なるかを考えてみよう。 ┄

🐤 学びをいかそう

わくわくプログラミング　124〜125ページ　てびき

⭐ ①青マジシャン…10、あ
　　赤マジシャン…4、え
　②赤マジシャン

⭐ ②表に整理すると、下のようになります。

回数	1	2	3	4	5
青	10	14	18	22	26
赤	4	8	16	32	64

まとめのテスト　126ページ　てびき

1 ①3兆8000億（3800000000000）
②2897　③5.602

2 ①3　②7
③14　④81
⑤23　⑥8

2 ⑤
```
      23
14)322
    28
    42
    42
     0
```
⑥
```
     8
27)216
   216
     0
```

3 ①一万の位まで…70000
　　上から2けた…65000
②一万の位まで…800000
　　上から2けた…800000

3 一万の位までのがい数にするときは千の位を、上から2けたのがい数にするときは上から3つ目の位を四捨五入します。

4 ①5.4　②309.6
③180　④9.1
⑤3.4　⑥0.07

4 ④
```
   0.65
 ×  14
   260
   65
  9.10
```
⑥
```
      0.07
34)2.38
    238
      0
```

5 ①$\frac{11}{7}\left(1\frac{4}{7}\right)$　②$\frac{8}{8}(1)$
③$\frac{7}{5}\left(1\frac{2}{5}\right)$　④$\frac{18}{9}(2)$
⑤$\frac{12}{6}(2)$　⑥$\frac{4}{5}$

5 ③$2-\frac{3}{5}=\frac{10}{5}-\frac{3}{5}=\frac{7}{5}\left(1\frac{2}{5}\right)$
④$1+\frac{7}{9}+\frac{2}{9}=1+\frac{9}{9}=1+1=2$

まとめのテスト　127ページ　てびき

1 ⓐ50°　ⓘ310°　ⓤ240°

1 ⓘは、360°−50°で求めます。
ⓤは、180°+60°か360°−120°で求めます。

2 ①36 cm²　②144 m²

2 ①4×9=36（cm²）
②12×12=144（m²）

3 ①20000　②30

3 ②1 km²=1000000 m²だから、
30000000 m²=30 km²です。
0のこ数に注意しましょう。
上のように m² を km² にする場合は、右から3けたごとに区切ると、考えやすくなります。

4 ① cm²　② km²

4 ②都道府県のような広い土地の面積は、km²を単位にして表します。

5 垂直…ⓐとⓤ、ⓐとⓞ、ⓘとⓚ、ⓔとⓚ
平行…ⓘとⓔ、ⓤとⓞ

5 右のような交わり方をしている
2つの直線も垂直です。

6 ①4.5 cm　②100°

6 平行四辺形の向かいあう辺の長さは等しく、向かいあう角の大きさも等しくなっています。

7 ①頂点H　②頂点C

❶ ①

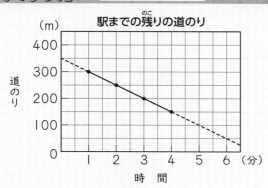

駅までの残りの道のり

（m）

道のり 400 300 200 100 0

1 2 3 4 5 6 （分）

時間

②50 m

❷ 100円

❸ ①

にんじん＼ピーマン	好き	きらい	合計
好き	5	7	12
きらい	6	14	20
合計	11	21	32

②14人

❹ 式　2×6=12　1800÷12=150

答え　150円

---

❶ ②表を見ると、1分ごとに道のりが50 mずつ

へっていることがわかります。

時間が5分のとき、道のりは100 m、

時間が6分のとき、道のりは50 mです。

（別の考え方）

グラフの直線をのばして考えると、時間が

6分のとき、道のりは50 mになります。

❷ 図にかいて順にもどして考えます。

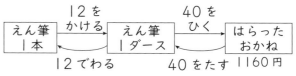

| えん筆1本 | 12をかける → / 12でわる ← | えん筆1ダース | 40をひく → / 40をたす ← | はらったおかね 1160円 |

1160+40=1200（円）

1200÷12=100（円）

❸

にんじん＼ピーマン	好き	きらい	合計
好き	5	㋐	㋑
きらい	㋒	㋓	20
合計	11	㋔	32

①㋑は、32−20=12

㋔は、32−11=21

㋐は、12−5=7

㋒は、11−5=6

㋓は、21−7=14

②にんじんもピーマンもきらいな人は、㋓の

14人です。

❹ すいかのねだんは、みかんのねだんの何倍かを考

えて求めます。

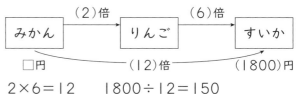

| みかん □円 | （2）倍 → | りんご | （6）倍 → | すいか （1800）円 |
| | （12）倍 | | | |

2×6=12　　1800÷12=150

⏱ しあげの5分レッスン　まちがえた問題はもう一度やりなおして、すべての問題ができるようになっておこう。

1
①502080000
②470000000
③600000000

2
①3、0.1、8、0.001
②5193
③4.572
④0.856

3 ①270° ②130°

4

① ② ③

平行四辺形　　台形　　ひし形

5 ①14 ②24 あまり1
③118 ④34 あまり4

6 ①10.03 ②9.7
③2.88 ④4.36

7 (例)

---

1 右から順に4けたごとに区切ってよむと、
①五億二百八万 ②四億七千万 ③六億
となります。

2 ②0.001を1000こ集めると1になるから、
5は0.001を5000こ集めた数です。
0.001が100こで0.1、0.001が90こで
0.09、0.001が3こで0.003
全部あわせて、0.001が5193こで5.193
となります。
④各位の数字は10でわると位が1つ下がります。

3 ①1回転は360°、└─は直角(90°)
だから、360°−90°=270°
②半回転は180°だから、180°−50°=130°

4 ①向かいあう2組の辺がどちらも平行になっているので、平行四辺形です。
②向かいあう1組の辺が平行なので、台形です。
③辺の長さがすべて等しいので、ひし形です。

5 ②
```
    24
3)73
  6
  13
  12
   1  ←あまり→
```
④
```
    34
9)310
  27
   40
   36
    4
```
たしかめをすると、
②3×24+1=73 ④9×34+4=310

6 ①
```
  8.25
 +1.78
 10.03
```
②
```
  7.69
 +2.01
  9.70
```
③
```
  5.37
 −2.49
  2.88
```
④
```
  6.00
 −1.64
  4.36
```
(6を6.00と考える)

7 いろいろなしきつめ方が考えられます。

8 いちばん大きい整数…9876543210
いちばん小さい整数…1023456789

9 式　592÷8＝74　　390÷6＝65
　　74−65＝9
　　　　　　　　答え　白玉が9g重い。

10 ①135°　②15°

11 ①正方形　②ひし形

12 ①⑦16　①15

②　**学校の教室の室温**

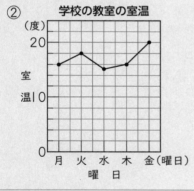

8 10けたの整数のいちばん大きい位は、十億の位です。
十億の位に0は使えません。

9 白玉1こ分の重さは、
592÷8＝74（g）
赤玉1こ分の重さは、
390÷6＝65（g）
だから、白玉のほうが、
74−65＝9（g）重いです。

10 ①180°−45°＝135°

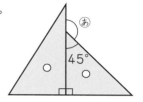

②45°−30°＝15°

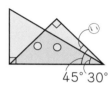

11 ①2本の対角線が、それぞれのまん中の点で垂直に交わり、長さが等しいので、四角形は正方形です。
②2本の対角線が、それぞれのまん中の点で垂直に交わっているので、四角形はひし形です。

12 折れ線グラフのたてのじくの目もりは室温を表しています。
1目もりは2度です。

⏱しあげの5分レッスン　問題をとき終わったら、見なおしをしよう。

てびき

1 ①70000
②5000000
③100

2 ①24 m²
②15000 cm²(1.5 m²)
③30 km²

3 ①一万の位まで…60000
上から2けた…58000
②一万の位まで…17630000
上から2けた…18000000

4 ①32
②12

5 ①7　②10
③65　④119

6 ①4あまり20
たしかめ…70×4+20=300
②8あまり6
たしかめ…16×8+6=134

7 ①19.2　②13.34
③3.8　④0.06

---

1 ①1 m² は、1 (m)×1 (m)
　＝100(cm)×100(cm)
　＝10000(cm²)
　と考えます。
②1 km² は、1 (km)×1 (km)
　＝1000(m)×1000(m)
　＝1000000(m²)
　と考えます。
③1 a は1辺が10 m の正方形の面積を単位に
　したものなので、1 a＝100 m² です。

2 ①6×4＝24(m²)
②単位を cm にそろえると、
　3m＝300 cm
　50×300＝15000(cm²)
③15×2＝30(km²)

3 一万の位までのがい数にするときは、千の位を四
捨五入します。
上から2けたのがい数にするときは、上から3け
た目の位を四捨五入します。

4 ①□＝70−38 より、□＝32
②□＝96÷8 より、□＝12

5 ③
$$
\begin{array}{r}
65\\
19\,)\overline{1235}\\
114\\
\hline
95\\
95\\
\hline
0
\end{array}
$$
④
$$
\begin{array}{r}
119\\
32\,)\overline{3808}\\
32\\
\hline
60\\
32\\
\hline
288\\
288\\
\hline
0
\end{array}
$$

6 たしかめは、
　わる数 × 商 ＋ あまり ＝ わられる数
の式にあてはめて計算します。
①30と7をくらべて、商を4と見当をつけます。
②
$$
\begin{array}{r}
8 \leftarrow 商\\
16\,)\overline{134}\\
128\\
\hline
6 \leftarrow あまり
\end{array}
$$

7 ②
$$
\begin{array}{r}
0.58\\
\times\ 23\\
\hline
174\\
116\\
\hline
13.34
\end{array}
$$
④
$$
\begin{array}{r}
0.06\\
17\,)\overline{1.02}\\
102\\
\hline
0
\end{array}
$$

8 式　72÷(3×3)＝8

　　　　　　　　　　　答え　8箱

9 ①式　(例)38+(5+95)＝38+100
　　　　　　　　＝138

　　　　　　　　　　　答え　138

　②式　(例)(100+2)×45
　　　　　　＝100×45+2×45＝4500+90
　　　　　　＝4590

　　　　　　　　　　　答え　4590

10 ①60 cm
　②15 cm

11 ①680 m²
　②12 cm²

12 ①62.4 m
　②5本

---

8 チョコレートの数 ÷ 1箱のチョコレートの数
＝ 箱の数 にあてはめて考えます。
　1箱のチョコレートの数を( )を使ってまとめると、(3×3) となります。

9 ①まず5+95＝100として、38に100をたすと考えると、計算がかんたんです。
　②(□+○)×△＝□×△+○×△という計算のきまりを使います。

10 ①20×3＝60(cm)
　②青のテープの長さを□ cm とすると、
　　「□ cm の4倍が60 cm」だから、青のテープの長さは、
　　60÷4＝15(cm)

11 ①下の図のように白い部分をはしによせて求めます。

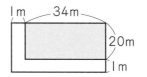

　②色がぬってある部分と白い部分は同じ形なので、
　　3×8＝24(cm²)の長方形の半分となります。

12 ①15.6×4＝62.4(m)
　②15.6÷3＝5あまり0.6
　　あまりの0.6 m では1本にならないから、
　　3 m のひもは5本となります。

おうちのかたへ　2学期では、2けたでわるわり算の筆算、式と計算の順序、四捨五入など重要な内容を学習しました。2学期までに学習した内容をしっかりと理解した上で、3学期の学習に進むようにしてください。

しあげの5分レッスン　答えの単位のかきわすれやかきまちがいに注意しよう。とくに面積の単位はまちがいやすいので気をつけよう。

1 ① $4\dfrac{1}{2}$　② 8

③ $\dfrac{13}{5}$　④ $\dfrac{23}{7}$

2 ㋐帯分数… $1\dfrac{2}{6}$ 、仮分数… $\dfrac{8}{6}$

㋑帯分数… $2\dfrac{5}{6}$ 、仮分数… $\dfrac{17}{6}$

3 ①見取図

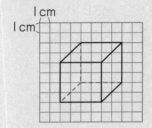

②てん開図

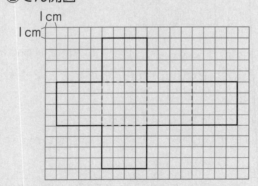

4 ①垂直

②㋕

③平行

④垂直

5 ①

形＼色	赤	青	合計
○	4	4	8
△	5	2	7
⬡	2	3	5
合計	11	9	20

②○　③2こ

---

1 ① $\dfrac{9}{2}$ は、4と $\dfrac{1}{2}$ をあわせた数です。

③ $2\dfrac{3}{5}$ は、 $\dfrac{1}{5}$ を13こ集めた数です。

2 1を6等分しているので、数直線の1目もりは $\dfrac{1}{6}$ を表します。

㋐の位置は、1と $\dfrac{1}{6}$ が2このところなので、 $1\dfrac{2}{6}$ となります。

また、㋐は、 $\dfrac{1}{6}$ が8こ集まった数なので、 $\dfrac{8}{6}$ です。

㋑の位置は、2と $\dfrac{1}{6}$ が5このところなので、 $2\dfrac{5}{6}$ となります。

また、㋑は、 $\dfrac{1}{6}$ が17こ集まった数なので、 $\dfrac{17}{6}$ です。

4 ③辺EHと平行な辺はほかに、辺ADと辺BCがあります。

④辺ABと垂直な辺はほかに、辺EA、辺DA、辺CBがあります。

5 ②○は合計で8こ、△は合計で7こなので、○のほうが多いです。

③赤色の△は5こ、青色の○は3こなので、赤色の△のほうが2こ多いです。

6 ① $\frac{11}{3}\left(3\frac{2}{3}\right)$　② $\frac{10}{5}(2)$

③ $\frac{9}{5}\left(1\frac{4}{5}\right)$　④ $\frac{21}{8}\left(2\frac{5}{8}\right)$

⑤ $\frac{16}{7}\left(2\frac{2}{7}\right)$　⑥ $\frac{18}{6}(3)$

⑦ $\frac{5}{7}$　　　⑧ $\frac{4}{8}$

6 ① $\frac{4}{3}+\frac{7}{3}=\frac{11}{3}\left(3\frac{2}{3}\right)$

② $\frac{7}{5}+\frac{3}{5}=\frac{10}{5}(=2)$

③ $1\frac{1}{5}+\frac{3}{5}=\frac{6}{5}+\frac{3}{5}=\frac{9}{5}\left(1\frac{4}{5}\right)$
　（別の考え方）
　$1\frac{1}{5}+\frac{3}{5}=1+\frac{1}{5}+\frac{3}{5}=1+\frac{4}{5}=1\frac{4}{5}$

④ $3-\frac{3}{8}=\frac{24}{8}-\frac{3}{8}=\frac{21}{8}\left(2\frac{5}{8}\right)$

⑤ $1\frac{5}{7}+\frac{4}{7}=\frac{12}{7}+\frac{4}{7}=\frac{16}{7}\left(2\frac{2}{7}\right)$

⑥ $2+\frac{2}{6}+\frac{4}{6}=\frac{12}{6}+\frac{2}{6}+\frac{4}{6}=\frac{18}{6}(=3)$

⑦ $1\frac{4}{7}-\frac{6}{7}=\frac{11}{7}-\frac{6}{7}=\frac{5}{7}$

⑧ $1-\frac{1}{8}-\frac{3}{8}=\frac{8}{8}-\frac{1}{8}-\frac{3}{8}=\frac{4}{8}$

7 ①（横8cm，たて5cm，高さ0cm）
　②（横0cm，たて5cm，高さ2cm）

7 位置を表すとき、箱の形のように高さもあるとき
は、3つの数（横，たて，高さ）の組で表します。
頂点Cは、頂点Aと高さが同じなので、高さは
0cmとなります。
頂点Hは、頂点Aから横に進んでいないので、横
は0cmとなります。

8 ①

1つの辺の数（こ）	2	3	4	5
全部の数　（こ）	4	8	12	16

②36こ　③12こ

8 ②全部の数は次のようにふえていきます。

4　8　12　16　20　24　28　32
　+4　+4　+4　+4　+4　+4　+4

1つの辺の数が9このとき、全部の数は32こ
だから、10このときは、32+4=36で
36こになります。
③②から、11このとき、36+4=40（こ）
12このとき、40+4=44（こ）
で、12こになります。

9 ①式　$1\frac{1}{3}-\frac{2}{3}=\frac{2}{3}$　　　答え　$\frac{2}{3}$km
　②式　$1\frac{1}{3}+\frac{2}{3}=\frac{6}{3}$

　　　　　　　　　答え　$\frac{6}{3}$km（2km）

9 ① $1\frac{1}{3}-\frac{2}{3}=\frac{4}{3}-\frac{2}{3}=\frac{2}{3}$（km）

② $1\frac{1}{3}+\frac{2}{3}=\frac{4}{3}+\frac{2}{3}=\frac{6}{3}$（km）
　別の考え方は、
　$1\frac{1}{3}+\frac{2}{3}=1+\frac{3}{3}=1+1=2$（km）

🏠 **おうちのかたへ** できなかった問題はできないまま放置するのではなく、できるようにすることを徹底させましょう。

⏰ **しあげの5分レッスン** 春休み中に教科書で学んだことをもう一度ふく習しておこう。

てびき

1 ①5020000000
②1000000000000

2 ①3 ②25 あまり11 ③4.04
④0.64 ⑤107.3 ⑥0.35
⑦ $\frac{9}{7}\left(1\frac{2}{7}\right)$ ⑧ $\frac{11}{5}\left(2\frac{1}{5}\right)$
⑨ $\frac{6}{8}$ ⑩ $\frac{3}{4}$

3 ①9 ②5 ③8

4 ①式 $20×30=600$
　　　　　　答え　600 ㎡
②式 $500×500=250000$
　　(250000 ㎡＝25 ha)
　　　　　　答え　25 ha

5 ⑤15° ⑥45° ⑦35°

6 ①⑤、⑥、⑦、⑧
②⑤、⑥、⑦、⑧ ③⑤、⑥

7 ①⑦の面
②⑤の面、⑦の面、⑧の面、⑨の面

8 ①45 ②9 ③54

9 ①

だんの数 (だん)	1	2	3	4	5	6	7
まわりの長さ (cm)	4	8	12	16	20	24	28

②○×4＝△
③式 $9×4=36$　　答え　36 cm

10 ①2000 ②200 ③2000
④200 ⑤400000
⑥(例)けたの数がちがう

11 ①⑥
②(例)6分間水の量が変わらない部分
があるから。

1 0の場所や数をまちがえていないか、右から4けたごとに区切って、たしかめましょう。

2 ⑧⑩帯分数のたし算・ひき算は仮分数になおして計算するか、整数と真分数に分けて計算します。
⑧ $1\frac{4}{5}+\frac{2}{5}=\frac{9}{5}+\frac{2}{5}=\frac{11}{5}$
または、 $1\frac{4}{5}+\frac{2}{5}=1+\frac{6}{5}=1+1\frac{1}{5}=2\frac{1}{5}$
⑩ $1\frac{1}{4}-\frac{2}{4}=\frac{5}{4}-\frac{2}{4}=\frac{3}{4}$
または、 $1\frac{1}{4}-\frac{2}{4}=\frac{1}{4}+1-\frac{2}{4}=\frac{1}{4}+\frac{2}{4}=\frac{3}{4}$

3 求められるところから、計算します。
例えば、②16－11＝5 ③19－11＝8
次に、①を計算します。①17－8＝9

4 ②10000 ㎡＝1 ha です。250000 ㎡＝25 ha ははぶいて書いていなくても、答えが25 ha となっていれば正かいです。

5 ⑤45°－30°＝15° ⑥180°－(35°＋100°)＝45°
⑦向かい合った角の大きさは同じです。または、⑥の角が45°だから、180°－(100°＋45°)＝35°

6 それぞれの四角形のせいしつを、整理した上で考えるとよいです。

7 実さいに組み立てた図に記号を書きこんで考えるとよいです。

8 ①40＋15÷3＝40＋5＝45
②72÷(2×4)＝72÷8＝9
③9×(8－4÷2)＝9×(8－2)＝9×6＝54

9 ②③まわりの長さはだんの数の4倍になっていることが、①の表からわかります。

10 上から1けたのがい数にして、見積もりの計算をします。
⑥44160と数がまったくちがうことが書けていれば正かいとします。

11 あおいさんは、とちゅうで6分間水をとめたので、その間は水そうの水の量は変わりません。
②あおいさんが水をとめている間は、水の量が変わらないので、折れ線グラフの折れ線が横になっている部分があるということが書けていても正かいです。

啓林館版・小学算数4年